JN334946

ライブラリ 物理学グラフィック講義＝別巻1

グラフィック演習
力学の基礎

和田　純夫　著

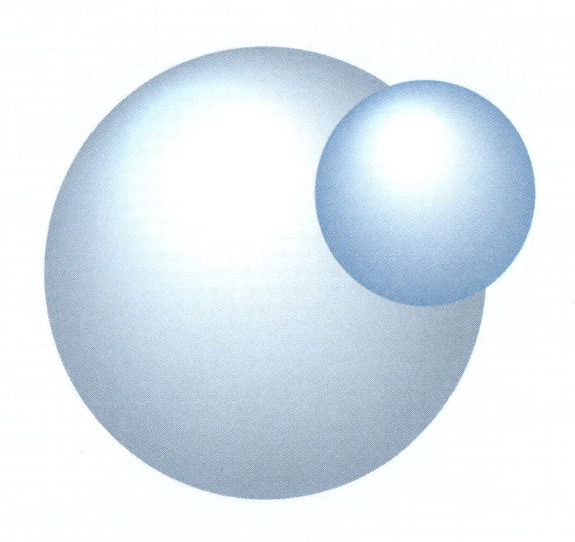

サイエンス社

サイエンス社のホームページのご案内
http://www.saiensu.co.jp
ご意見・ご要望は　rikei@saiensu.co.jp　まで.

まえがき

　本書は演習書なので，授業の補足として，あるいは何らかの教科書の理解を深めるために使っていただければ幸いである．構成やレベルは，姉妹書である同ライブラリ「グラフィック講義」に合わせて決めてあるが，他の基礎的な教科書にも合った内容にしたつもりである．

　「いかにして問題を解くか」という第0章は，最初に必ず読んでいただきたい．物理の問題に取り掛かるときの心構えと，具体的な手順を示してある．物理では現実の状況をどのように把握しているのか，具体的な問題を通して正しいイメージを構築していくことが演習の目的だが，正しい方向性をもって問題に取り組まないと効果は上がらない．

　各章ごとに問題のレベルを3つに分けてある．第一段階の「理解度のチェック」は，当り前過ぎると思われる問題もあるが，しばしば勘違いして理解されている内容が含まれている．また，日常生活では登場しない物理特有の概念を，正しく把握しているかということも問うている．ここをしっかりと理解してから先に進んでいただきたい．

　第二段階の基本問題と第三段階の応用問題は，第0章の説明にしたがって取り組んでいただければいいだろう．物理，特に力学の対象は日常的な現象である．それをどのように理論的に把握するか，そしてそれを式に書くか，簡単ではない場合も多いが，少しずつ理解が進むのを楽しもうという覚悟をもとう．

　勉強のスタイルは人さまざまだが，頑張って解答を見ずに解こうとしてもいいし，それが困難だと思ったら，最初から解答をちらちら見ながら解いてもいい．ただしその場合でも，自分なりの式を書いて，解答に書かれていることを納得しながら先に進んでいただきたい．実際に手を動かしながら考えるということは，演習書を学ぶときに非常に重要なことである．読者諸君の健闘を祈る．

2014年2月

和田純夫

目 次

第0章　いかにして問題を解くか　　1

第1章　位置と速度　　6
- ポイント　1. 単位とは ……………………… 6
- 理解度のチェック　1. 単位とは …………… 8
- 基本問題　1. 単位とは …………………… 10
- ポイント　2. 位置と速度 ………………… 12
- 理解度のチェック　2. 位置と速度 ……… 14
- 基本問題　2. 位置と速度 ………………… 18
- 応用問題 ……………………………………… 22

第2章　加速度　　26
- ポイント　1. 加速度 ……………………… 26
- 理解度のチェック　1. 加速度 …………… 28
- 基本問題　1. 加速度 ……………………… 30
- ポイント　2. 等加速度運動・落下運動 … 32
- 理解度のチェック　2. 等加速度運動・落下運動 …… 34
- 基本問題　2-1. 等加速度運動 …………… 36
- 基本問題　2-2. 落下運動・放物運動 …… 40
- 応用問題 ……………………………………… 42

目　　次　　　　　　　　　iii

第3章　運動方程式と力　54
- ポイント 54
- 理解度のチェック 58
- 基本問題 66
- 応用問題 76

第4章　等速円運動　86
- ポイント 86
- 理解度のチェック 90
- 基本問題 94
- 応用問題 102

第5章　エネルギーと運動量　112
- ポイント 112
- 理解度のチェック 116
- 基本問題 120
- 応用問題 126

第6章　単　振　動　142
- ポイント 142
- 理解度のチェック 144
- 基本問題 146
- 応用問題 150

第 7 章　回転運動と剛体　　158

- **ポイント** 1. トルク・回転運動・慣性モーメント 158
- **理解度のチェック** 1. トルク・回転運動・慣性モーメント 160
- **基本問題** 1. トルク・回転運動・慣性モーメント 164
- **応用問題** 1. トルク・回転運動・慣性モーメント 168
- **ポイント** 2. 角運動量・角運動量保存則 172
- **理解度のチェック** 2. 角運動量・角運動量保存則 174
- **基本問題** 2. 角運動量・角運動量保存則 176
- **応用問題** 2. 角運動量・角運動量保存則 178

類題の解答　　183

索　　引　　195

第0章 いかにして問題を解くか

本書は問題を3段階に分けた．その違いは基本的には難易度だが，内容から考えると次のような傾向がある．

- **理解度のチェック**：概念と基本公式の意味を理解したかチェック．計算は（ほとんど）含まれない（**概念問題**）．
- **基本問題**：公式を選び，それに代入して計算する（**代入問題**）．
- **応用問題**：状況を考えて公式を選び，変形し，組み合わせて答えを求める（**分析問題**）．

どのようなタイプの問題かによって対応の仕方も違ってくる．また，諸君がどこまで理解できているかによっても，取り組み方は異なるだろう．絶対的な規則があるわけでもないので堅苦しく考える必要はないが，それでも，どのような点を重視すべきか，ヒントになりそうなことを書き下してみよう．一度，目を通しておけば，後でなるほどと思うことが必ずあるだろう．

I. 状況をイメージしよう

物理とは，現実に起こる現象，あるいはそれを抽象化した現象の分析である．したがって，その現象を把握するのが出発点になる．問題に出てくる物体は動いているのか止まっているのか．動いているとすればどのように動いているのか．それはどこにあるのか．台の上にあるのかヒモにぶら下がっているのか．

もし棒の長さが1mと書いてあったら，1mの棒を頭に思い描こう．質量が1gと書いてあったら1円玉を考えればよい．50 kgだったら（私ではないが）人間を考えればよい．数値が出てきたら，それがどの程度のものなのか，感覚的に納得できるようにしよう．

感覚を身に付けよう　1円玉の大きさは？

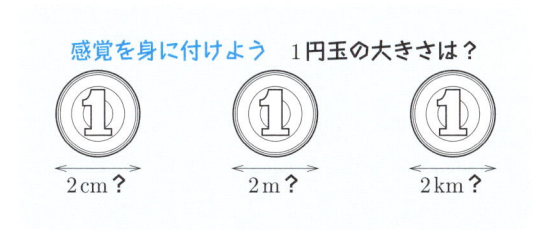

2cm？　　2m？　　2km？

第2章になると，速度（あるいは速さ）という量が出てくる．時速60 km（60 km/時あるいは60 km/hと書く）という速さを思い描けるだろうか．自動車が走っている状

況を考えればよい．時速 150 km だったら，剛球投手の速球の速さの程度である．目の前で見たことのある人はほとんどいないだろうが，なんとなく想像はできるだろう．

物理では速度はしばしば秒速で表される．投げた物体がいつ落ちてくるか，そういった現象は秒レベルで起こるからである．では，秒速 1 m（1 秒に 1 m 進む速さ…1 m/s と書く）といったらどの程度の速さだろうか．速いだろうか遅いだろうか．私が推奨する 1 つの感覚として，秒速 1 m/s とは人間が普通に歩く速さだと覚えよう．人間の歩く速さを時速 4 km とすると，それは秒速では 1.11 m/s となる（逆に秒速 1 m は時速 3.6 km…計算は基本問題 1.8）．

物理では次に加速度（速度の変化率）という量が出てくる．これは直観で感じられない量なので，いくつかの計算によって少しずつ感覚を身に付けるしかない．ただ，物体が（空気抵抗は無視できる状況で）地表で落下するときの加速度が約 10 m/s^2 であるという事実は覚えよう（より正確には 9.8 m/s^2 で，通常，g と書く…第 2 章）．加速度が出てきたときは，g の何倍か（あるいは何分の 1 か）といった感覚がしばしば重要になる．

力も具体的にイメージするのは難しいが，質量 1 kg の物体にかかる重力が（g を掛けて）約 10 N（10 ニュートンと読む）である．さらに角速度とか周期とかさまざまな量が出てくるが，具体的に何を表しているのか，それがどの程度の量なのか，各段階で常にイメージをもつことが重要である．たとえば時計の分針の回転周期は 60 分，地球の自転周期は 24 時間である．

感覚を身に付けよう　1 円玉に働く重力は？

重力？　　答え 約 0.01N

II. 概念を理解しよう

すでに速度とか質量という用語を出したが，もちろんそれらの用語が意味する概念を理解することが物理の学習の前提である．変位とは何か，速度とは何か，速さとは何か，加速度とは何か，まず頭に入れよう（第 2 章，第 3 章）．その次は，力とは何か，重力，垂直抗力，摩擦力といったさまざまな概念が出てくる．そのような概念が誤解なく理解できるように，「理解度のチェック」という問題を並べた．わかっている人には簡単過ぎる話もあるだろうが，一度，目を通しておいても無駄ではないだろう．概

第 0 章 いかにして問題を解くか

念の理解はすべての前提なので,「ポイント」と「理解度のチェック」を交互に読んで,ほぼ完全に解けるようになってから先に進むべきである.

基本問題に多く出てくる代入問題も,概念の理解にとって重要である.実際の状況でさまざまな量がどのように登場するのか,それらは通常,どのような大きさになるのかといったことは,具体的な問題例を扱うことによって少しずつ身に付いてくる.

III. 応用問題（分析問題）に取り組む

現実世界のすべての問題は応用問題である.最初から,どの式を使えば最終的な答えが得られるとわかっているわけではない.問題文が与えられたとき,何から手を付けたらいいだろうか.

● **状況を把握する**　まず,状況の把握から始めよう.I.では,長さとか速さといった基本的な量のイメージの話をしたが,ここでは,現象全体のイメージをもつことが重要である.どの物体がどのように動いているのか,最終的にはどうなるのかといった,全体の流れである.頭の中でイメージを描いてもいいし,簡単な略図を実際に紙に書いてみるのもいいだろう（図による表現）.

質点の動きの場合は,グラフを書いてみるのもいい（グラフによる表現）.xt 図とか vt 図が質点の運動を表す典型的なグラフである（第 1 章ポイント 2 参照）.

この本で扱う問題は単純化された問題である.現実世界の問題にはさまざまな複雑な要素がからむが,物理の原理を学ぶにはまず,関係する要素が限られた単純化された問題を解けるようにならなければならない.状況を把握するときには,同時に,問題がどのように単純化されているかも考えておこう.たとえば空気の抵抗はこの本ではまったく考えられておらず,また実際には摩擦力が働くと思われる状況でも,無視することがしばしばである（もちろん摩擦力自体が問題の対象になることもあるが）.

● **解法の方針を考える**　簡単な問題ならば,状況の把握ができた時点で解法の方針がわかるだろう.わからない場合には,最終的な答えを得るにはどのような量を知るべきかを考えよう.そしてそれを知るために,問題にはどのような条件が与えられているかを整理しよう.

(1) 問題に与えられた条件を把握し

(2) それらから決まる量を考え

(3) それを使って最終的な答えを得る

というのが,問題解法の基本的な手順である.そしてその具体的な道筋を発見するには,この手順を逆にたどることがしばしば役に立つ.

どのような量からどのような量が得られるか、それを知る能力は、それらの量に対する概念がしっかりできているかにかかっている。概念がわかり状況がわかれば、どの公式を使って必要な量が計算できるか、自然に理解できるようになるだろう。その点でまだ不十分だと思ったら、もう一度、ポイントに書かれた公式を復習しよう。ざっと見なおすだけでも理解度が大きく変わると私は予想する。

● **記号を決めて式を書く** 解法の方針が見えてきたら、実際に式を書かなければならない。最初は記号（文字変数）を使った式を書こう。問題では数値が与えられている場合でも、最初はそれを何らかの記号で表しておく。解法にはさまざまな量が関係するが、それらをどのような記号で表すか、問題文の中で決められている場合もあるし、そうでない場合もある。決められていない場合は、自分で工夫しなければならない。速度だったら v、あるいはそれに添え字を付けて v_1 とか v_A とかするのがいいだろう。

計算も、数値を代入せずに文字式のまま進めるのがよい。そして最終的な結果が得られたら、（必要な場合には）それに数値を代入する。たとえば 3,100,000 といった数値の掛け算や割り算をする場合、それを 3.1×10^6 と書き直しておこう（31×10^5 としても間違いではないが）。そして 3.1 という 1 程度の大きさの数の計算と、10 の何乗かという桁数を表す部分の計算を別個に行う。卓上計算機を使うのは前者だけですむし、答えがもっともらしいかを暗算で確かめることもできる（足し算や引き算の場合は、10 の何乗という部分は同じ形にそろえておかなければならない）。

● **結果を点検する** 数値を代入する場合でも、その前に必ずしなければならないことがある。それは（文字式で書かれた）最終結果の、次元の正しさである。次元については第 1 章で詳しく説明するが、たとえば速度の次元は「長さ÷時間」である。たとえば速度 v を求める問題で、答えが $v = \frac{AB}{C}$ となった場合、A, B, C それぞれの次元を組合せ全体の次元が、「長さ÷時間」になっていなければならない。最初は面倒な手順に思えるかもしれないが、なれれば素早くできるようになる。むしろ、うまくいっていることがわかって感じる喜び、あるいは安心感の方が大きいだろう。計算の手順が複雑な問題では、次元のチェックは中間段階でもすることを勧める。間違った結果を使い続けて無駄な労力を費やすのは馬鹿げている。

次元によるチェックは、公式を思い出すときにも使える。たとえば円運動の向心加速度の公式（第 4 章）が $v^2 r$ か、$\frac{v^2}{r}$ かわからなくなったとき、どちらが加速度の次元をもっているかを考えれば、後者が正しいことはすぐにわかる。またこのことを使うと、何も計算しなくとも答えのだいたいの形が決まる（**次元解析**という）。たとえば向心加速度が速さと半径（v と r）だけで決まるとしたら、それは $\frac{v^2}{r}$ の何倍かでなければならない。他の組合せでは加速度の次元にならない。もちろん、何倍であるかは実

第0章　いかにして問題を解くか

次元を理解しよう　1円玉の質量は？

1cm？　　　1秒？　　　1g？

際に計算してみないとわからないことだが．

　次元が正しいことがわかった後，できればしておきたいことがある．それは，答えのもっともらしさである．たとえば $v = \frac{AB}{C}$ という答えでは，仮に B が大きくなると v も大きくなるが，それはもっともらしいだろうか．あるいは $B=0$ だったら $v=0$ になる．それは正しいだろうか．そのようなことをいろいろ考えながら答えがもっともらしいかをいろいろ考えるも，余裕があれば楽しいプロセスである．

　そして最後に数値を代入するときは単位に気をつけよう．たとえば時間は秒で表されているか時で表されているか，どちらでも構わないのだが統一しておかなければならない．そして最終結果の数字の単位も，どの単位で統一したかによって決まる．

　答えの数値が得られたら，それがもっともらしいかも考えてみよう．たとえば地球と月の距離が 100 km だといった答えになったら，明らかに馬鹿げている．数値に対する感覚は，実際に問題を解きながら身に付けていこう．そのためには常に，現象のイメージをもちながら問題に対処することが重要である．本書では問題文に，直接，物理とは関係ない記述も多々含めたが，読者がイメージをもつ助けになるのではと考えたからである．

　最後に，読者諸君の健闘，そして本書が少しでもその助けになることを祈る！

第0章は，下記の本に書かれていることを私なりに「改良」して執筆した．
- いかにして問題を解くか　　G.ポリア著，柿内賢信訳（丸善出版，1954）
- サーウェイ基礎物理学 I　　R.A.サーウェイ，J.W.ジュエット Jr.著，鹿児島誠一・和田純夫訳（東京化学同人，2012）

第1章 位置と速度

ポイント 1. 単位とは

● 量の大きさは何かを基準にして表す．たとえば長さは，1 m という長さをまず決め，それを基準として，その何倍かということで表す．

$$例 \quad 2\,\mathrm{m},\ 1.23\,\mathrm{m}\ など$$

● 基準を表す記号（上の例では m（メートル））を**単位**という．
● 基準を変えれば，同じ量でも数値が変わる． 例 1分 = 60秒
● 基準によらずに数値が絶対的に決まっている量には，単位は付かない．

$$例 \quad \pi = 3.1415\cdots\ （円周率）$$

● 数え方が決まっている量には（必要がないので）単位は付けないのが物理での習慣だが，付けたほうがわかりやすいと思う場合には付けてもよい．

　　例　リンゴが5つあるとき，単に5と表してもいいが，5個と書いてもよい（この場合は個が単位になる）．

● いくつかの量の間に関係があるときは，それらの量の単位を，その関係を満たすように決める（このように決めた単位を**組立単位**という）．

　　例　長方形の面積 = 横の長さ × 縦の長さ
　　　　より　面積の単位 = 長さの単位 × 長さの単位
　　したがって，長さの単位を m（メートル）にした場合には
　　　　面積の単位 = m × m = m^2（平方メートル）
　　単位だけの掛け算の式が気持ちの悪い人は，1 m × 1 m = 1 m^2 という式だと解釈すればよい．

注1　上の例の場合，何らかの図形の面積ならば，長方形である必要はない．

注2　上の例の場合，長さの単位を基本にして面積の単位を決めている．このようにした場合，長さの単位を**基本単位**，面積の単位を**組立単位**という．何を基本単位とするかは習慣の問題だが，世界的に統一を取るため，SI 単位系という規則が決められている．

● **SI 単位系**（国際的に決められている単位のセット）　この単位系では，力学関係では，**長さ**，**時間**，および**質量**の3つの量（これをそれぞれ**次元**という）を基本量として選ぶ．各次元の単位（基本単位）はそれぞれ次のようにする．

第 1 章　位置と速度

● **SI 単位系での基本単位**
　長さの次元の単位：　m（メートル）
　時間の次元の単位：　s（秒）（s は second の略）
　質量の次元の単位：　kg（キログラム）

注**1**　たとえば 1 m は，昔は北極からパリを通って赤道までの長さの 1 千万分の 1 と，わかりやすく決められていた．しかし最近はこれらの単位は，現代物理学を使ってわかりにくい決め方をしているので，しかもその決め方がまた変えられようとしているので，ここでは深入りしない．

注**2**　キログラムとはもともとは，グラム（g）の 1000 倍という意味である．しかし SI 単位系ではまず kg という単位を定め，その 1000 分の 1 として g という単位を定義する．長さについては，まず m を決め，その 1000 倍として km（キロメートル）を定義する．

注**3**　主な接頭辞の意味

　　　　デカ（da）　　10 倍　　　　　デシ（d）　　　10 分の 1
　　　　ヘクト（h）　 100 倍　　　　 センチ（c）　　 100 分の 1
　　　　キロ（k）　　 1000 倍　　　　ミリ（m）　　　1000 分の 1
　　　　メガ（M）　　100 万倍　　　　マイクロ（μ）　100 万分の 1
　　　　ギガ（G）　　10 億倍　　　　 ナノ（n）　　　10 億分の 1
　　　　テラ（T）　　1 兆倍　　　　　ピコ（p）　　　1 兆分の 1

● **SI 単位系での組立単位**　　上記の 3 つ以外のさまざまな量に対しては，その量の定義，あるいはその量に関係した物理法則を使って単位を組み立てる．

　　例　　速度 ＝ 位置の変化（変位）÷ 時間間隔
　　　　　　つまり　速度の次元 ＝ 長さの次元 ÷ 時間の次元
　　　　　したがって SI 単位系では
　　　　　　速度の単位 ＝ m ÷ s ＝ m/s（メートル毎秒と読む）

注　前ページの面積の単位も，組立単位の作り方の一例である．さらに複雑な量に対しては単位ももっと複雑になり，そのような場合にはまとめて新しい記号を導入することもある（たとえば力の単位は $kg \cdot m/s^2$ となるが（第 3 章），まとめて N（ニュートン）と書く）．

理解度のチェック 1. 単位とは

理解 1.1 120 s と 2 分が等しいことを，分と秒の関係からどのように説明するか．

理解 1.2 6 本の鉛筆を 3 人で分けた．1 人当たりの本数はどうなるか．単位（本，人など）を付けた式を書いて計算せよ．また，「1 人当たりの本数」という量は，「本/人」という組立単位を使って表されることを示せ．

理解 1.3 円の面積 ＝ π(円周率) × 半径 × 半径 という公式から出発しよう．この式から面積の次元を求めよ．またこの式から，面積の SI 単位系での組立単位を求めよ．

理解 1.4 (a) $A = B$ という式があるとき，A と B の次元について何が言えるか．それぞれの単位については何が言えるか．
(b) $A + B = C$ という式があるとき，A, B, C の次元について何が言えるか．それぞれの単位については何が言えるか．
(c) $A \times B = C$ という式があるとき，それぞれの次元と単位について何が言えるか．

理解 1.5 (a) 1 km は何 m か．ただし普通の表記と，指数での表記（下のコラム参照）で記せ．
(b) 1 m は何 km か．普通の表記と，指数での表記で記せ．

■ **コラム**

指数を使った表記 —— 0 がたくさん並ぶ数字は，次のように 10 の何乗倍，あるいは 10 の何乗分の 1 という表記を使うとわかりやすい．

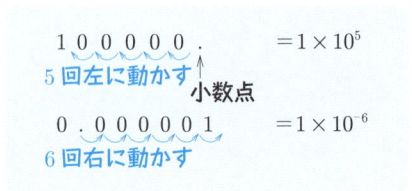

$$100000. = 1 \times 10^5$$
（5 回左に動かす ↑ 小数点）

$$0.000001 = 1 \times 10^{-6}$$
（6 回右に動かす）

第 1 章　位置と速度　　　　　　　　　　　　　　　　　　　　9

答 理解 1.1　分という単位が，1 秒の 60 倍，つまり 60 s と定義されていることから，まず，1 分 = 60 s という式を書こう．この式全体を 2 倍すれば，2 分 = 120 s という関係が得られる．1 = 60 は間違いだが 1 分 = 60 s は正しいという当り前のことを，頭に叩き込んでいただきたい．

答 理解 1.2
$$6 \text{本} \div 3 \text{人} = (6 \div 3) \times (\text{本} \div \text{人}) = 2 \text{本/人}$$
数と単位それぞれを計算すれば正しい答えが得られる．「3 人当たり 6 本」(最左辺) と，「1 人当たり 2 本」(最右辺) とが等しいという式である．単位の部分は「本 ÷ 人」なので，組立単位として「本/人」という形が出てくる．

答 理解 1.3　円周率には次元はなく (無次元量)，半径の次元は長さなので，右辺の次元は長さの次元の 2 乗になる．したがって SI 単位系での面積の単位は m^2．

注　円周率は 円周 ÷ 直径 として定義される．円周も直径も次元は長さなので，その割り算である円周率には次元はない．　●

答 理解 1.4　(a)　同じ次元の量でなくては，等しいかどうか比較ができない (たとえば 2 m が何秒に等しいかという質問には答えはない)．単位は同じである必要はない (例：1 時間 = 60 分)．
(b)　(a) と同様に，すべて同じ次元でなければならない．しかし単位は同じである必要はない (例：1 分 + 1 時間 = 61 分)．
(c)　C の次元は，A の次元と B の次元を掛けたものになる (たとえば面積の次元は長さの次元の 2 乗)．単位については，それぞれの次元の単位を使えば何でもよい (例：$100 \text{ cm} \times 2 \text{ m} = 1 \text{ m} \times 2 \text{ m} = 2 \text{ m}^2$．あるいは $100 \text{ cm} \times 2 \text{ m} = 200 \text{ cm} \cdot \text{m}$ と書いても間違いではない．この場合，$\text{cm} \cdot \text{m}$ が面積の単位となっている．同じ次元に別の単位を同時に使った例は滅多に見られないが，この本では 31 ページと 46 ページで，時・s という単位 (時間と秒を掛けた単位) を使う)．

答 理解 1.5　(a)　$1 \text{ km} = 1000 \text{ m} = 10^3 \text{ m}$
(b)　$1 \text{ m} = 1/1000 \text{ km} = 0.001 \text{ km} = 10^{-3} \text{ km}$

第1章 位置と速度

基本問題　1. 単位とは　※類題の解答は巻末

基本 1.1 鉛筆を1人に2本ずつ，3人に分けた．合計，何本分けたか．理解度のチェック1.2を参考にして，単位を付けた式を書いて計算せよ．その式で，単位の関係が正しいことを確かめよ．

基本 1.2 面積の単位としてa（アール）というものがある．1aは一辺10mの正方形の面積として定義される．aという単位を使って長さ1mを表すとどうなるか．またこの答えから，SI単位系では，面積ではなく長さの単位を基本単位に選んでいる理由を考えよ．

基本 1.3 SI単位系の体積の次元と組立単位を，直方体の体積の公式から求めよ．球の体積の公式から求めたらどうなるか．

基本 1.4 次の文と式は正しいか．間違っている場合は，訂正せよ．
(a) 縦30cm，横1mの長方形の面積は，$30 \times 1 = 30$ であり，面積の単位は m^2 なので，$30\,m^2$ である．
(b) 1人当たり5本，4人に配った．全体では

$$5\,本 \times 4\,人 = 20\,本$$

だから，全体では20本，配ったことになる．

類題 1.1 (a) 15mのヒモを5人に配った．1人当たり何メートルになったか．すべての数に単位を付けた式を書いて計算せよ．
(b) ヒモを1人当たり3m配った．5人では合計，何メートル配ったか．すべての数に単位を付けた式を書いて計算せよ．

類題 1.2 32kmを次の単位で表せ．(a) m，(b) cm（センチメートル），(c) mm（ミリメートル），(d) μm（マイクロメートル），(e) Mm（メガメートル）

類題 1.3 (a) $1\,km^2$（平方キロメートル）は何 m^2 か．
(b) $1\,km^3$（立方キロメートル）は何 m^3 か．
(c) 原子を直径0.1nmの球だと考えると，一辺1cmの立方体の中にいくつ程度の原子を入れることができるか（原子は球ではなく立方体として考えてよい）．
注 n（ナノ）とは10億分の1，つまり 10^9 分の1 という意味．

第 1 章　位置と速度

答 基本 1.1　1 人当たり 2 本という量を単位付きの数で表せば 2 本/人．したがって
$$2\,本/人 \times 3\,人 = 6\,本$$
単位だけ見れば「(本/人) × 人 = 本」ということで，正しい式になっている．単位だけの式が気持ちが悪いと言う人は，「(1 本 ÷ 1 人) × 1 人 = 1 本」という式だと考えればよい．

答 基本 1.2
$$1\,\mathrm{a} = 10\,\mathrm{m} \times 10\,\mathrm{m} = 100 \times (\mathrm{m})^2 \quad \text{したがって} \quad 1\,\mathrm{m}^2 = \tfrac{1}{100}\,\mathrm{a}$$
両辺の平方根をとると
$$1\,\mathrm{m} = \tfrac{1}{10}\,\mathrm{a}^{1/2} = 0.1\,\mathrm{a}^{1/2}$$
面積の単位を基本単位とすると，長さの単位はその平方根になってしまう．それでは絶対にだめだということではないが，長さのほうを基本単位としたほうが，面倒なことにならない．

答 基本 1.3
$$直方体の体積 = 縦の長さ \times 横の長さ \times 高さの長さ$$
したがって次元は長さの 3 乗．単位は m^3．また
$$球の体積 = \tfrac{4\pi}{3} \times (半径)^3$$
$4\pi/3$ は無次元量なので，体積の次元はやはり長さの 3 乗．

答 基本 1.4　(a)　単位の掛け算も正しくしなければならない．$30\,\mathrm{cm} \times 1\,\mathrm{m} = 30\,\mathrm{cm\cdot m}$ とすれば正しい．しかし通常は単位をそろえて次のようにする．
$$30\,\mathrm{cm} \times 1\,\mathrm{m} = 0.3\,\mathrm{m} \times 1\,\mathrm{m} = 0.3\,\mathrm{m}^2$$
あるいは
$$30\,\mathrm{cm} \times 1\,\mathrm{m} = 30\,\mathrm{cm} \times 100\,\mathrm{cm} = 3000\,\mathrm{cm}^2 = 3 \times 10^3\,\mathrm{cm}^2$$
(b)　単位の掛け算が正しくない．人という単位を付けるのならば
$$5\,本/人 \times 4\,人 = 20\,本$$
としなければならない．あるいは人という単位は省略するのならば，すべての項で省略して
$$5\,本 \times 4 = 20\,本$$
とすれば正しい．すべて省略して $5 \times 4 = 20$ としても，もちろん正しい．すべての式で，左辺の第 1 項と第 2 項の順番を逆にしても正しい．

ポイント 2. 位置と速度

ある直線上を動く，大きさが無視できる物体（**質点**という）の運動を考える（1次元的運動）．

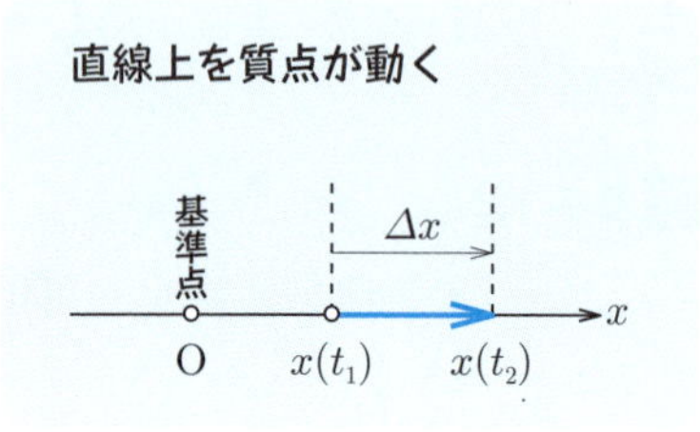

● **位置 x**　質点の位置を，この直線のある基準点（原点）O からの距離で表したもの．ただし，基準点から見てどちらがプラスの方向かを決めておく．逆方向の場合，位置 x はマイナスとする．質点が動いていれば位置は時刻 t によって変わるので，t の関数として $x(t)$ と記すこともある．

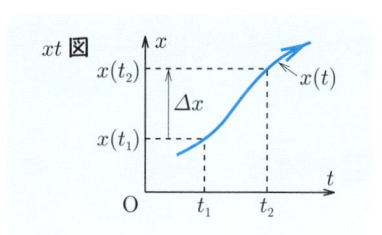

直線上を質点が動く

● **xt 図**　$x(t)$ のグラフによる表現
● **変位 Δx**　ある時刻 t_1 から時刻 t_2 までの物体の位置の変化

$$\Delta x = x(t_2) - x(t_1)$$

● **移動距離**　どちらの方向に動いたかとは関係なく，実際に動いた長さを移動距離という．質点がずっと静止していない限り，移動距離はプラスである．

● **平均速度**　ある時刻 t から時刻 $t+\Delta t$ までの物体の位置の変化率（＝単位時間当たりの変位）．

$$t \text{ から } t+\Delta t \text{ までの平均速度} = \frac{\text{その間の変位}}{\text{時間間隔}} = \frac{x(t+\Delta t)-x(t)}{\Delta t} = \frac{\Delta x}{\Delta t} \tag{1.1}$$

● **速度（瞬間速度）v**

$$\text{ある時刻 } t \text{ での瞬間的な速度 } v(t)$$
$$= \text{平均速度の時間間隔 } \Delta t \text{ を 0 にした極限}$$
$$= xt \text{ グラフの接線の傾き} = x(t) \text{ の微分}\left(\frac{dx}{dt}\right) \tag{1.2}$$

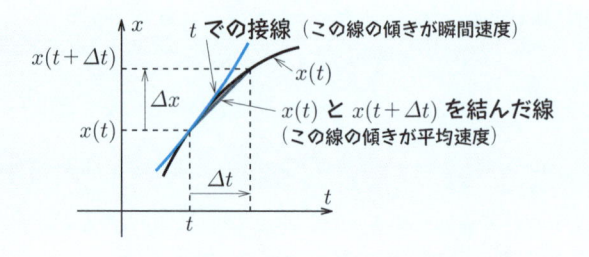

第 1 章　位置と速度　　　　　　　　　　　　　　　**13**

● **速度と速さ**　平均速度も瞬間速度も，プラスの場合もマイナスの場合もある．速度の絶対値を**速さ**という．速さはマイナスになることはない．
● **速度の単位**　平均速度も瞬間速度も次元は「長さ÷時間」である．したがって SI 単位系でのその単位は m/s（日本語表記ではメートル/秒）となる．
● **位置の求め方**　最初の位置（初期位置）に，位置の変化（変位）を足す．

$$\text{位置} = \text{初期位置} + \text{変位} \tag{1.3}$$

● **等速度 v で動いている場合の変位**

$$\text{変位} = \text{速度} \times \text{時間間隔} \tag{1.4}$$

vt 図による表現

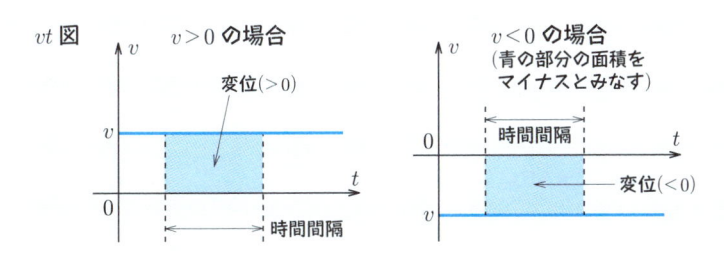

速度 v がマイナスの場合（マイナス方向に動いている場合），変位はマイナスだが，式 (1.4) で計算してもそうなる．vt 図ではグラフは横軸よりも下になるが，下の部分の面積はマイナスとみなせば，vt 図による表現もそのまま利用できる．

注　面積といっても，vt 図では横方向は時間，縦方向は速度なので，この面積の次元は「時間の次元 × 速度の次元 = 長さの次元」である．

● **速度が変化する場合の変位**

$$\begin{aligned}\text{変位} &= vt \text{ 図のグラフの面積} \\ &= \int_{t_1}^{t_2} v(t)\, dt \end{aligned} \tag{1.5}$$

注　グラフ $v(t)$ がマイナスのときは，面積はマイナスとみなす．積分でも，横軸より下の部分はマイナスとして計算されるので，式 (1.5) はそのまま使える．

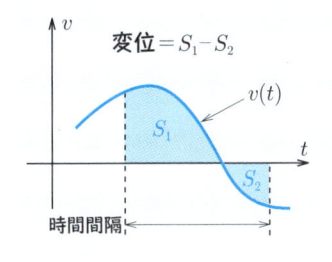

2. 位置と速度

理解 1.6 「(ある時間間隔における)質点の変位は常にプラスである」．この文は，(a) 常に正しいか，(b) 常に誤っているか，(c) 場合によるか．場合によるときは，どのようなときに正しくなるかを説明せよ．

理解 1.7 「東西に伸びている道路で，車が東方向に走っているとき，変位は常にプラスである」．この文は正しいか．上問と同様に答えよ．

理解 1.8 「移動距離は変位よりも大きい」．上問と同様に答えよ．

理解 1.9 右のグラフには4つの質点の動き $x(t)$ が描かれている（①〜④）．下の文はその動きの説明である．それぞれどの曲線に相当するか．答えは複数あるかもしれない．
(A) この質点は，プラス方向に動き続けている．
(B) この質点は，プラス方向に動いているときも，マイナス方向に動いているときもある．
(C) この質点は，時刻 $t=0$ では基準点よりマイナス側に位置していた．
(D) この質点の $t=0$ から $t=T$ までの変位はゼロ．

理解 1.10 右の xt 図に，ある質点の動き $x(t)$ が描かれている（黒線）．また，この曲線に関係した，①，②，③の3本の直線が描かれている（青線）．これらの直線の傾きは，それぞれ何を表しているか．

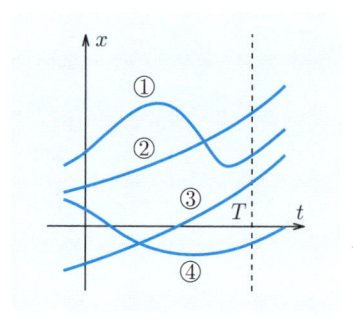

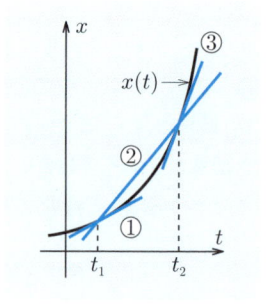

第1章 位置と速度　　15

答 理解 1.6 (c) 場合による．その時間間隔で全体としてプラスの方向に移動していれば正しく，そうでなければ誤っている．したがって正誤は，単に質点の動きだけではなく，どちらの方向をプラスとみなすかにも依存する（変位ではなく移動距離であれば，常にプラスである）．

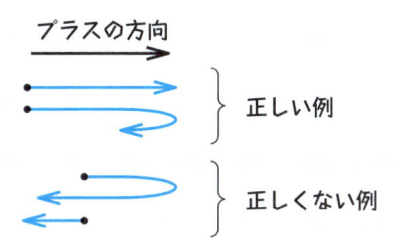

答 理解 1.7 (c) 場合による．東方向をプラスの方向と決めれば正しい．

答 理解 1.8 (c) 場合による．質点が常にプラス方向に動いている場合には移動距離と変位は等しい．それ以外（変位がマイナスの場合，あるいはプラスでも，$x(t)$ が常に増えているとは限らない場合），移動距離のほうが大きい．

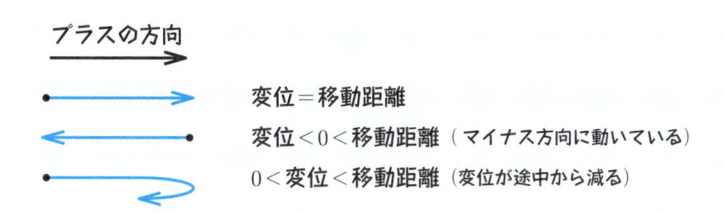

答 理解 1.9 (A) ②, ③（どちらも常に x が増加している），(B) ①, ④（途中で向きが変わっている），(C) ③（$t=0$ で $x<0$），(D) ①（$t \sim 0$ と $t=T$ での x の値が等しい）

答 理解 1.10 ① 時刻 t_1 での瞬間速度，② 時間間隔 t_1 から t_2 までの間の平均速度，③ 時刻 t_2 での瞬間速度

理解 1.11 変位がマイナスのとき,平均速度はプラスかマイナスか.速さはプラスかマイナスか.

理解 1.12 次の単位のうち,速度の単位になっているのはどれか(答えは1つではない).そのうち,SI単位系での基本的な表現はどれか. (i) m, (ii) m^2, (iii) m/s, (iv) メートル/秒, (v) km/s, (vi) m/分, (vii) m/時, (viii) m^2/s

理解 1.13 速度が一定の場合の式 (1.4) と,速度の定義式(式 (1.1))との関係を説明せよ.

理解 1.14 以下の問題に答えよ.答えられない場合には,その理由を述べよ.
(a) 一定の速さ 60 m/分で 10 分間歩くと移動距離はどれだけか.
(b) そのときの変位はどれだけか.
(c) 一定の速度 60 m/分で 10 分間歩いたとき,その人はどの位置にいるか.

理解 1.15 ある物体の運動の xt 図と vt 図がそれぞれ,下のグラフのようになっていたとする.この2つの図を比べながら,これが同じ運動を表していることを確かめよう.
(a) xt 図のグラフの傾きはどこでも同じである.それが vt 図ではどのように表されているか.
(b) xt 図のグラフは,時間が経過すると一定の割合で増えている.それは vt 図では,何に対応しているか.

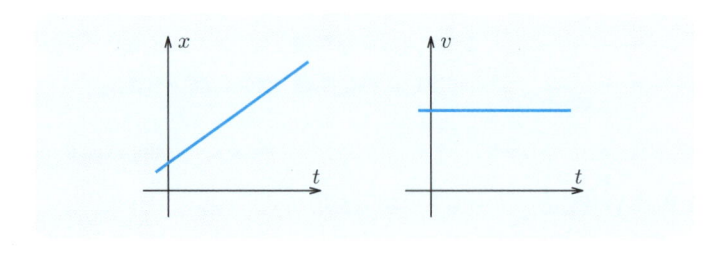

第 1 章 位置と速度

答 理解 1.11 平均速度はマイナス（式 (1.1) で分子がマイナス）．速さはその絶対値だからプラス．

答 理解 1.12 速度の単位であるためには，長さ ÷ 時間 の次元になっていればよい．したがって (iii) から (vii) までがすべて正解．SI 単位系では (iii)．(iv) はそれを日本語表記したもの．

答 理解 1.13 式 (1.1) より，変位 = 平均速度 × 時間間隔 だが，速度 ($\frac{dx}{dt}$) が一定なのだから，グラフ $x(t)$ の傾きはどこでも等しい．つまり 平均速度 = 速度 なので，式 (1.4) が得られる．

答 理解 1.14 (a) 移動距離は $60\,\mathrm{m/分} \times 10\,\mathrm{分} = 600\,\mathrm{m}$．
(b) どちら方向（プラス方向かマイナス方向か）に歩いているかがわからないし，常に同じ方向に歩いているかどうかもわからないので，変位はわからない．しかし少なくとも $600\,\mathrm{m}$ と $-600\,\mathrm{m}$ の間の値である．
(c) 問題文に $60\,\mathrm{m/分}$ は（速さではなく）速度だと書いてあり，60 はプラスの数なので，プラス方向に歩いていることがわかる．したがって変位は $+600\,\mathrm{m}$ である．しかし初期位置（出発点）がどこかがわからないので，10 分後にどの位置にいるかはわからない．しかし「初期位置からプラス方向に $600\,\mathrm{m}$ 進んだ位置」という答え方ならばできる．答えられることはできるだけ答えておこう．

答 理解 1.15 (a) xt 図のグラフの各点での傾きはその時刻での速度を表す．それが一定なのだから，vt 図のグラフでの v の値は一定である．
(b) 時刻 t までの面積を考えてみよう．それは変位を表すが，$v = $ 一定なのだから，面積は t を増やすと（右にずらすと）一定の割合で増えていく．

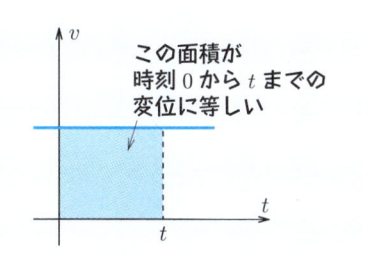

基本問題　2. 位置と速度

基本 1.5　以下のような質点の動きの例を xt 図に書き入れよ．
(A)　$t=0$ のとき基準点にあり，その後，プラスの方向に進んだ場合．
(B)　$t=0$ のとき基準点にあり，その後，しばらくプラスの方向に進んだ後，向きを変えてマイナスの方向に進んだ場合．
(C)　$t=0$ のとき基準点にあり，その後，プラスの方向に進んでからしばらく止まり，その後，またプラスの方向に進みだした場合．

基本 1.6　下のグラフで表される質点の動きを，時刻 t_1 から時刻 t_4 まで考える．
(a)　質点の動きを，t_1 から t_2，t_2 から t_3，t_3 から t_4 までの3つに分けて，それぞれの時間間隔での変位（それぞれを Δx_a, Δx_b, Δx_c と書く）を求めよ．
(b)　質点の t_1 から t_4 までの時間間隔での変位 Δx は何か．(a) の3つの答えから求める式を書け．
(c)　質点が t_1 から t_4 まで実際に動いた距離（移動距離）を，(a) の3つの答えから求める式を書け．

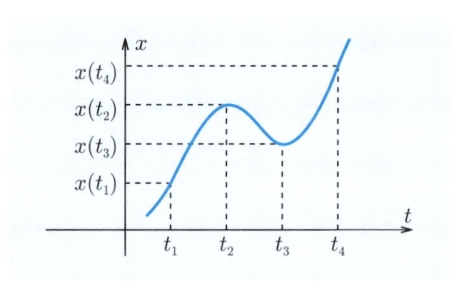

基本 1.7　右下のグラフは，ある質点の動きの xt 図である．
(a)　AB間の平均速度は，グラフのどのような線によって表されるか．
(b)　Cでの瞬間速度は，グラフのどのような線によって表されるか．
(c)　AB間の平均速度とCでの瞬間速度とでは，どちらが大きいか．
(d)　瞬間速度がAB間の平均速度に一致する時刻はどのようにして求められるか．

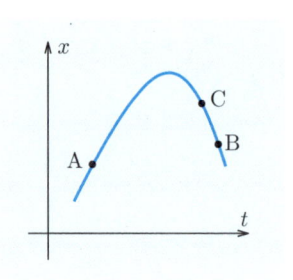

第1章　位置と速度

答 基本 1.5

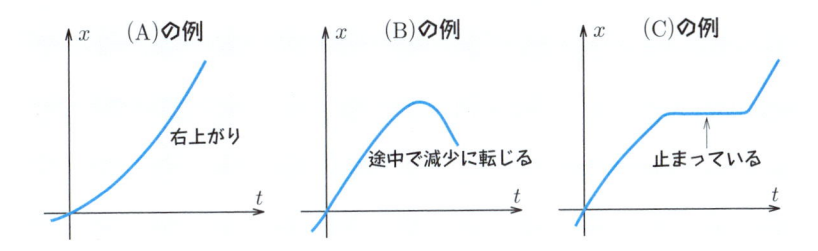

(A)の例：右上がり

(B)の例：途中で減少に転じる

(C)の例：止まっている

答 基本 1.6 (a) $\Delta x_a = x(t_2)-x(t_1)$, $\Delta x_b = x(t_3)-x(t_2)$, $\Delta x_c = x(t_4)-x(t_3)$
(b) $\Delta x = x(t_4) - x(t_1) = \Delta x_a + \Delta x_b + \Delta x_c$
(c) 移動距離 $= |\Delta x_a| + |\Delta x_b| + |\Delta x_c|$．実際に動いた距離は絶対値の和であり，この例では $\Delta x_b < 0$ なので変位 Δx とは差が出る．変位は逆向きに動くと打ち消されてしまうが，移動距離ではそのようなことはない．

答 基本 1.7 (a) A と B を結ぶ直線の傾き．(b) C での接線の傾き．(c) C での傾きは絶対値は大きいがマイナスなので，プラスである（A, B間の）平均速度のほうが大きい．(d) 接線の傾きが，直線 AB の傾きと同じになる点を探す．グラフの最高点の少し左側にある．

答 基本 1.8 （問題は 20 ページ）
(a) 1時間は 3600 秒だから

$$4\,\mathrm{km/時} = 4\,\mathrm{km} \div 1\,\mathrm{時間} = \frac{4000\,\mathrm{m}}{3600\,\mathrm{s}} \fallingdotseq 1.11\,\mathrm{m/s}$$

つまり普通に歩いていると，1 秒に 1 m 程度進んでいることになる．これは頭に入れておくとよい．

注 逆に 1 m/s を時速に換算すると

$$1\,\mathrm{m/s} = \tfrac{1}{1000}\,\mathrm{km} \Big/ \tfrac{1}{3600}\,\mathrm{時} = \tfrac{3600}{1000}\,\mathrm{km/時} = 3.6\,\mathrm{km/時} \tag{1.6}$$

(b) $50 \times 1\,\mathrm{km} \div 1\,\mathrm{時間} = 50 \times 1000\,\mathrm{m} \div 3600\,\mathrm{s} \fallingdotseq 13.9\,\mathrm{m/s}$
このようにばらさないで，単位を変えていくという計算法もある．$\frac{1000\,\mathrm{m}}{1\,\mathrm{km}} = 1$, $\frac{1\,\mathrm{時}}{3600\,\mathrm{s}} = 1$ ということから，

$$50\,\mathrm{km/時} = 50\,\mathrm{km/時} \times (1000\,\mathrm{m}/1\,\mathrm{km}) \times (1\,\mathrm{時}/3600\,\mathrm{s})$$
$$= (50 \times 1000 \div 3600) \times (\mathrm{km/時} \times \mathrm{m/km} \times \mathrm{時/s}) \fallingdotseq 13.9\,\mathrm{m/s}$$

第 1 章　位置と速度

基本 1.8 (a) 人間の歩行の普通の速さは 4 km/時（時速 4 km）程度である．それは何 m/s か．
(b) 自動車が 50 km/時で走っている．これを SI 単位系の単位 m/s で表せ．
(解答は 19 ページ)

考え方 1 km/時を 1 km ÷ 1 時間と分解して，それぞれを換算せよ．

基本 1.9 ある質点の動きが $x(t) = A + Bt$ という式で表されるとする．ただし A と B は何らかの定数である．このときの各時刻での速度（瞬間速度）を，微分 (1.2) を使って求めよ．その答えは xt 図でのグラフを考えて推定できる答えと一致するか．

基本 1.10 次の 3 つの動きの vt 図を描き，それぞれ止まるまでの変位を求めよ．
(a) $t = 0$ から，プラス方向に一定の速度 v で動き，時刻 t_1 で止まった場合．
(b) $t = 0$ から，プラス方向に一定の速度 v で動き，時刻 t_1 で，逆方向に同じ速さで動き始め，時刻 t_2 で止まった．
(c) $t = 0$ では速度は v，それから一定の割合で徐々に速さが減り，時刻 t_1 で止まった．

考え方 グラフの面積を求める．横軸より下の部分はマイナスとして考える．

基本 1.11 東西に伸びる道路上で，列車が速さ 100 km/時で東に動いている．東方向をプラスとしたとき，5 分間の変位を求めよ（有効数字 2 桁で求めよ）．

考え方 速さを m/分単位に換算してから計算してもいいし，そのまま計算してもよい．

基本 1.12 最初の 2 時間は速さ 5 km/時で真っすぐ東向きに歩き，それから 1 時間半，速さ 4 km/時で真っすぐ西向きに歩いた．全体としてどちら向きにどれだけ動いたかを考える．
(a) 東方向をプラスとして vt 図を描け（SI 単位系に換算する必要はない）．
(b) この図のどの部分の面積が何の量に対応しているのかを述べよ．
(c) 面積を計算して，この問題の答えを求めよ．
(d) グラフではなく 変位 = 速度 × 時間 という公式を使って，この問題の答えを求める式を書け．

(24 ページの類題に続く．)

第 1 章　位置と速度　　　　　　　　　　　　　　　　　　　　21

答 基本 1.9　微分をすると $\frac{dx}{dt} = B$. つまり速度は一定になる. xt 図では $x(t) = A + Bt$ というグラフは直線で表されるので, その傾きはどこでも同じであり, 速度が一定という結論は当然, 予測された結果である.

答 基本 1.10　(a) グラフの面積より, 変位 $= vt_1$, (b) 負の部分の面積はマイナスに勘定するので, 変位 $= vt_1 - v(t_2 - t_1) = v(2t_1 - t_2)$. (c) 三角形の面積より, 変位 $= \frac{vt_1}{2}$（最初の速度 v で動き続けた場合の半分になる）

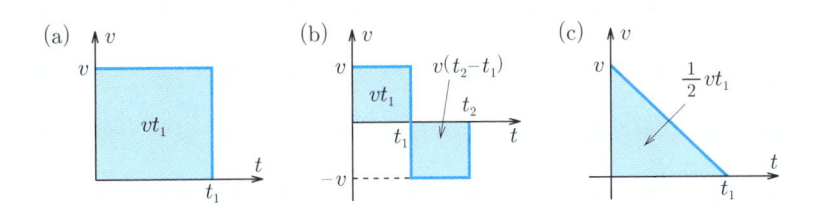

答 基本 1.11　速さとは速度の絶対値のことだが, ここでは東方向をプラスとしているので, 速度も $+60\,\text{km/時}$ である. これを km/分 に換算すると
$$100\,\text{km/時} = 100\,\text{km} \div 60\,\text{分} = \tfrac{100}{60}\,\text{km/分}$$
式 (1.4) より
$$\text{変位} = \tfrac{100}{60}\,\text{km/分} \times 5\,\text{分} \fallingdotseq \tfrac{500}{60}\,\text{km} \fallingdotseq 8.3\,\text{km}$$
速度の換算をしないで直接計算する場合は
$$100\,\text{km/時} \times 5\,\text{分} = (100 \times 5) \times 1\,\text{km} \div 1\,\text{時間} \times 1\,\text{分}$$
$$= 500 \times 1\,\text{km} \div 60\,\text{分} \times 1\,\text{分} = (500 \div 60)\,\text{km} \fallingdotseq 8.3\,\text{km}$$

答 基本 1.12　(a) 下の図を参照. (b) 図の A の面積は, 最初の 2 時間に東に動いた距離. B の面積は, 次の 1.5 時間に西に動いた距離. (c) $10 - 6 = 4$ で, 3 時間半後には東に 4 km 動いている. (d) $5\,\text{km/時} \times 2\,\text{時間} - 4\,\text{km/時} \times 1.5\,\text{時間} = 4\,\text{km}$

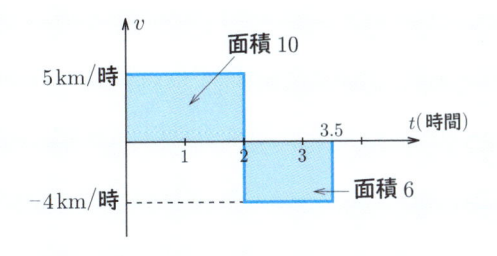

応用問題

応用 1.1 自動車が道路を走っている．次の2つの場合の全体の変位を計算し，平均速度を時速で求めよ．求めた平均速度はもっともらしいか．
(a) 最初の30分は速さが時速40 km，その後の1時間は速さが時速60 km であった．動く方向は常にプラスの方向であった．
(b) (a)と速さは同じだが，後の1時間は，逆方向に走っていた．

考え方 答えは，前半と後半の速度の（正負を考えた上での）中間．ただし後半に近いものになるはずである（後半のほうが時間が長いのだから）．そうなっていればもっともらしい．

応用 1.2 ある質点が，vt 図にすると右のグラフのようになる運動をした．これについて，次の質問に答えよ．
(a) この質点がプラスの方向に動いているのは，いつまでか．
(b) この質点がマイナスの方向に動いているのは，いつからいつまでか．
(c) この質点が出発点のプラス側にあるのは，いつからいつまでか．
(d) この質点が出発点から遠ざかっているのは，いつからいつまでか．
(e) 出発点を $x = 0$ として，この運動の xt 図を描け（上の (a) から (d) までの答えが満たされるように絵が描かれているか）．

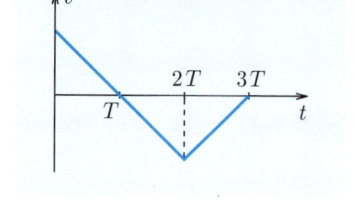

応用 1.3 x 方向に動くある質点の各時刻での速度が $v = a + bt$ という一次式で書けたとする．また $t = 0$ での位置は $x = x_0$ であったとする（a, b, x_0 すべて何らかの定数）．
(a) $a > 0, b > 0$ である場合の vt 図を描け．
(b) t_0 をある時刻としたとき，(a) のグラフの $0 < t < t_0$ の範囲の面積を幾何学的に求めよ．
(c) 上と同じ面積を積分計算で求めよ．
(d) 一般の時刻 $t\ (> 0)$ での，質点の位置を求めよ．xt 図を描け．

第1章 位置と速度　　23

答 応用 1.1 (a) 変位は, $40\,\mathrm{km/時} \times 0.5\,\mathrm{時間} + 60\,\mathrm{km/時} \times 1\,\mathrm{時間} = 80\,\mathrm{km}$

$$\text{平均速度} = 80\,\mathrm{km} \div 1.5\,\mathrm{時間} \fallingdotseq 53\,\mathrm{km/時}$$

53 は 40 と 60 の間にあり, 60 のほうに近い.

(b) 変位は, $40\,\mathrm{km/時} \times 0.5\,\mathrm{時間} - 60\,\mathrm{km/時} \times 1\,\mathrm{時間} = -40\,\mathrm{km}$

$$\text{平均速度} = -40\,\mathrm{km} \div 1.5\,\mathrm{時間} \fallingdotseq -27\,\mathrm{km/時}$$

-27 は 40 と -60 の間にあり, -60 のほうに近い.

答 応用 1.2 (a) (プラス方向に動いているというのは) $v > 0$ ということだから, 0 から T まで.
(b) $v < 0$ ということだから, T から $3T$ まで.
(c) $t = 0$ からの積分がプラスということだから, $0 < t < 2T$. $t = 2T$ では, $t = T$ までの積分 (> 0) と, それ以降の積分 (< 0) が打ち消し合ってゼロになる. つまり出発点に戻っている.
(d) 0 から T までと (出発点から見てプラス方向に遠ざかっている), $2T$ から $3T$ まで (マイナス方向に遠ざかっている).
(e) 右上の図を参照.

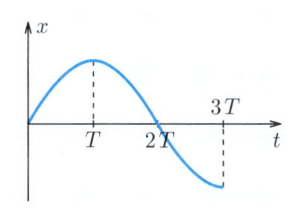

答 応用 1.3 (a) 右図を参照.
(b) 下の長方形と上の三角形の面積を足すと

$$at_0 + \tfrac{1}{2} b t_0 \times t_0 = at_0 + \tfrac{1}{2} b t_0^2$$

(c) $\int_0^{t_0} (a+bt)\,dt = \left[at + \tfrac{1}{2} b t^2 \right]_0^{t_0} = at_0 + \tfrac{1}{2} b t_0^2$

(d) (b) あるいは (c) で求めた面積が変位なので, 式 (1.3) より

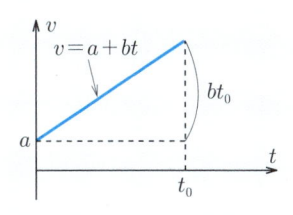

$$x = \text{初期位置} + \text{変位} = x_0 + at_0 + \tfrac{1}{2} b t_0^2$$

（類題 1.4〜1.6 は基本問題 2 の類題）※類題の解答は巻末

類題 1.4 60 m/分の速度は秒速で表すとどうなるか．時速で表すとどうなるか．単位の付いた式を書いて答えを求めよ．

類題 1.5 ある物体の運動の xt 図と vt 図がそれぞれ，下のグラフの A と B のようになっていたとする．この 2 つの図を比べながら，これが同じ運動を表していることを確かめよう．
(a) xt 図のグラフの傾きは，正負を考えると $t < t_1$ でも $t > t_1$ でも減っている．それが vt 図ではどのように表されているか．
(b) xt 図のグラフは，時刻 t_1 以降では右下がりマイナスになっている．それは vt 図では，何に対応しているか．
(c) xt 図のグラフは，時刻 t_2 で $x = 0$ になっている．それは vt 図では，何に対応しているか．

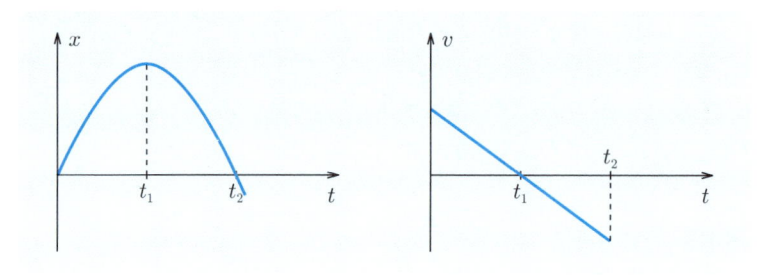

類題 1.6 (a) 各時刻での位置が $x = 3 + 2t$ という式で表されているとする．これは x と t の数値の関係を示したものだが，x は単位 m で表された数値であり，t は単位 s で表された数値だとする．2 と 3 はそれぞれ，何の単位で表された数値か．
(b) この運動の速度 v はどのような式で表されるか．その式で単位の関係が正しいことを確かめよ．

考え方 換算をせずに数値を足せるとしたら，それらは同じ次元であるばかりでなく，同じ単位で表されたものでなければならない（たとえば 1 時間と 10 分だったら $1 + 10$ という足し算をしても答えに意味はないが，60 分と 10 分だったら $60 + 10$ という足し算で合計の時間が得られる）．

第 1 章 位置と速度

類題 1.7 （応用問題 1.2 の類題）ある質点が，vt 図にすると下のグラフのようになる運動をした．ただし $0 < t < 2T$ の部分と $2T < t < 4T$ の部分は，符号を除き同じ形であった．これについて，次の質問に答えよ．
(a) この質点がプラスの方向に動いているのは，いつからいつまでか．
(b) この質点がマイナスの方向に動いているのは，いつからいつまでか．
(c) この質点が出発点のプラス側にあるのは，いつからいつまでか．
(d) この質点が出発点から遠ざかっているのは，いつからいつまでか．
(e) 出発点を $x = 0$ として，この運動の xt 図を，上の (a) から (d) までの答えが満たされるように描いてみよ（少し難しいかもしれないが，スケッチ程度のものでよい）．

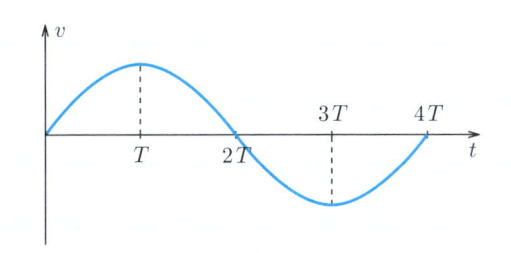

類題 1.8 （応用問題 1.3 の続き）
(a) $a > 0$, $b < 0$ としたときの vt 図を描け．$v = 0$ となるまでの質点の移動距離を，vt 図から幾何学的に求めよ．またその移動距離を，積分計算で求めよ．
(b) $v = 0$ となった後も，この質点の動きは同じ式で表されるとする．vt 図から，$x = x_0$ の位置に戻る時刻を推定せよ．また各時刻での x を表す式を導き，$x = x_0$ となる時刻を計算で導け．

第2章 加 速 度

ポイント　1. 加速度

● **慣性の法則**　周囲から影響を受けていない物体は等速直線運動をし続ける．
　→等速直線運動をしていない物体は，周囲から何らかの影響を受けている（等速直線運動：一定の速さで，ある1つの直線上を動く運動）．
　→周囲からの影響の大きさを測る尺度として，等速直線運動からのずれ，つまり**加速度**という量が重要になる．

まず1次元的運動を考えよう．質点が，ある直線上を動いているとする．各時刻 t での質点の速度を $v(t)$ とする．

● **平均加速度**　ある時刻 t から時刻 $t + \Delta t$ までの物体の速度の変化率

$$t \text{ から } t + \Delta t \text{ までの平均加速度} = \frac{\text{その間の速度の変化}}{\text{時間間隔}}$$
$$= \frac{v(t+\Delta t) - v(t)}{\Delta t} = \frac{\Delta v}{\Delta t} \quad (2.1\text{a})$$

● **加速度（瞬間加速度）**

$$\text{ある時刻 } t \text{ での瞬間的な加速度 } a(t)$$
$$= \text{平均加速度の時間間隔 } \Delta t \text{ を } 0 \text{ にした極限}$$
$$= vt \text{ グラフの接線の傾き} = v(t) \text{ の微分} \left(\frac{dv}{dt}\right) \quad (2.1\text{b})$$

● **加速度の単位**　どちらの加速度も，次元は「速度の次元 ÷ 時間 =（長さ ÷ 時間）÷ 時間 = 長さ ÷（時間）^{2}」である．したがって SI 単位系でのその単位は m/s^2（日本語表記ではメートル/秒^2）となる．

加速度 1 m/s^2 とは　速度が1秒間で 1 m/s の割合で増えるときの，速度の変化率のこと．

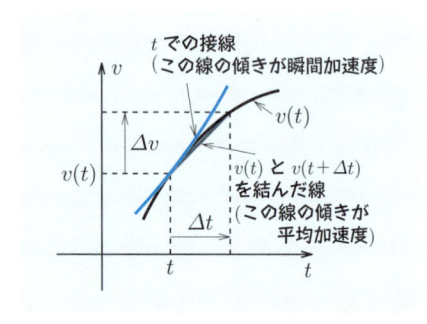

● **加速度の符号・方向**　加速度はプラスのときもマイナスのときもある（$v(t)$ が増えているか減っているかで決まる）．プラスのときは加速度がプラス方向，マイナスのときはマイナス方向を向いているという（プラス方向，マイナス方向とは，質点が動く直線の正負の方向である）．

注1　加速度の方向は速度の方向（運動の方向）とは違う．

第2章　加 速 度

注2 　加速と減速　「加速している」とは，速さ（速度の絶対値）が増えていることをいう．「減速している」とは，速さが減っていることをいう．加速しているからといって，加速度がプラスとは限らない（下のCのケース）．

注3 　第3章で，加速度の方向は，その物体に働く力の方向と同じであることを学ぶ．そのことを理解する上でも，加速度の方向を把握しておかなければならない．次の4つのケースをしっかりと区別しよう．

A：プラス方向に動き，加速している…$v(t+\Delta t) > v(t)$ なので加速度 > 0

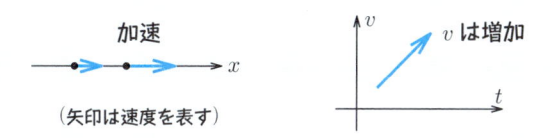

（矢印は速度を表す）

B：プラス方向に動き，減速している…$v(t+\Delta t) < v(t)$ なので加速度 < 0

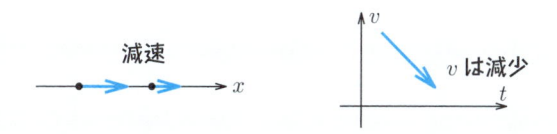

C：マイナス方向に動き，加速している…$v(t+\Delta t) < v(t) \ (< 0)$ なので加速度 < 0

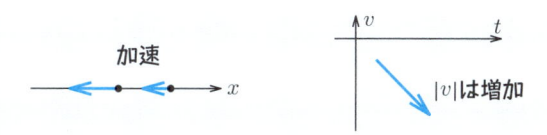

D：マイナス方向に動き，減速している…$(0 >) \ v(t+\Delta t) > v(t)$ なので加速度 > 0

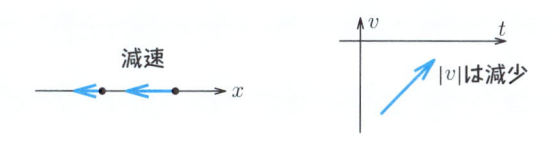

理解度のチェック 1. 加速度

理解 2.1 「広い滑らかな床の上で,キャスター付きの椅子を押して手を離す.手から離れた椅子は押した方向にしばらく滑ったが,その速さは次第に小さくなり,結局止まった.したがって,この椅子については慣性の法則は成り立たないことがわかる」.この文は正しいか.

理解 2.2 地球は,太陽の周りをほぼ同じ速さ(等速)で回っている.しかし慣性の法則がいう直線運動ではない(動く方向が常に変化している)ので,地球は何かの影響を受けてこのような運動をしていることになる.それは何か.

理解 2.3 (a) 速度が $-2\,\mathrm{m/s}$ から $-10\,\mathrm{m/s}$ に変化した.そのときの速度の変化はプラスかマイナスか.
(b) この変化に 2 s かかったとする.この 2 秒間の平均加速度は何か.その符号はどうなるか.

理解 2.4 東西にまっすぐ延びている線路上を電車が走っている.東方向をプラス方向とする.つぎのそれぞれの場合に,速度と加速度の方向を述べよ(プラスかマイナスか).(a) 東方向に走っている電車が少しずつ減速している場合.(b) 東方向に走っている電車が少しずつ加速している場合.(c) 西方向に走っている電車が少しずつ加速している場合.

理解 2.5 下の 3 つの図は,同じ運動を表す xt 図, vt 図, at 図(横軸が時間,縦軸が加速度の図)である.どの図がどれに相当するのか答えよ.また,この物体はどのように運動しているのか,人に言葉で説明するように答えよ.

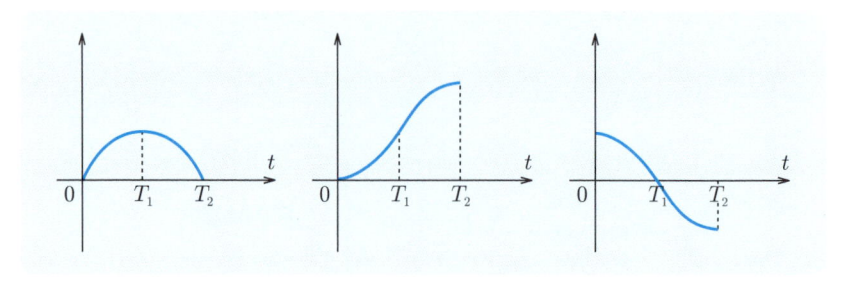

第 2 章 加 速 度

答 理解 2.1 正しくない．椅子が手を離れた後も，椅子のキャスターの車輪と床の間には摩擦力が働いている（車輪が回転しているときも小さな摩擦力は働く）．つまり，「周囲から何も影響を受けない」という前提が満たされていないので，慣性の法則は適用できない（この法則自体が成り立たないわけではない）．椅子には重力も働いているが，これは垂直方向の力なので，椅子が床を滑る運動には直接には関係しない（重力により椅子が床に押し付けられなければ摩擦力は働かないので，重力も間接的には影響しているが）．

答 理解 2.2 太陽の影響を受けている．詳しく言えば太陽から受ける万有引力である（第 4 章参照）．

答 理解 2.3 (a) 差とは，時間が経過したときの変化量だから，後の量から前の量を引けばよい．つまり，速度の変化 $= (-10\,\mathrm{m/s}) - (-2\,\mathrm{m/s}) = -8\,\mathrm{m/s}$．マイナス方向への運動で速さが増していれば（ここでは 2 から 10 に増した），速度の変化量はマイナスである．
(b) 平均加速度 $= -8\,\mathrm{m/s} \div 2\,\mathrm{s} = -4\,\mathrm{m/s}^2$．速度の変化量がマイナスならば，平均加速度もマイナスになる．

答 理解 2.4 速度の正負は東西どちら方向に動いているかを考えればよい．加速度は，「速度」が増えていればプラス，減っていればマイナスである．速さではないことに注意．(a) 速度はプラス，加速度もプラス．(b) 速度はプラス，加速度はマイナス．(c) 速度はマイナス，加速度もマイナス（上問 2.3 の状況である）．

答 理解 2.5 xt 図のグラフの傾きの図が vt 図，そのグラフの傾きの図が at 図である．したがって左から順番に，vt 図，xt 図，at 図である．この物体は，最初（$t=0$）は原点 $x=0$ にあり，プラスの方向に動きながら加速している．しかしある瞬間（T_1）に減速が始まり，その後のある時刻に停止する．

第2章 加速度

基本問題　1. 加速度 ※類題の解答は巻末

基本 2.1　(a) 静止している自動車が発進し，5秒で時速60 kmになった．その間の平均加速度を，m/s^{2}という単位で求めよ．

(b) 時速60 kmで走っている自動車が，ブレーキをかけて5秒で静止した．その間の平均加速度は，(a)の平均加速度とどのような関係があるか．

基本 2.2　(a) 質点の動きが右下のvt図のように表されているとする．AからBまでは，加速しながらプラス方向に動いている．加速度はプラスである．B以降の動きについて，同じように言葉で説明せよ．

(b) 平均加速度が最も大きいのはどの間隔か（たとえば，AB，あるいはACというように答えよ）．

(c) 平均加速度が最も小さいのはどの間隔か．

(d) 瞬間加速度が最も大きいのはどの時刻か．最も小さいのはどの時刻か．

(e) at図の概形を描け．

(f) Aでの位置を$x=0$として，xt図の概形を描け．

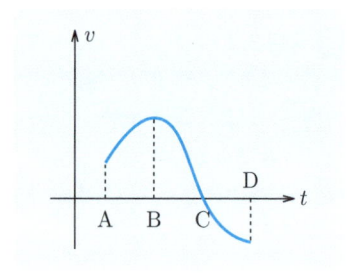

類題 2.1　自動車が基本問題2.2のように動くには，どのような運転をしなければならないか．

類題 2.2　右のvt図に対して，基本問題2.2の設問(a)～(f)に答えよ．

類題 2.3　以下のケースで，5秒間の平均加速度を求めよ．ただし東方向をプラスの方向とする．

(a) 西方向に速さ3 m/sで走っていた人が，5秒後には東方向に速さ5 m/sで走っていた．

(b) 東方向に速さ3 m/sで走っていた人が，5秒後には西方向に速さ5 m/sで走っていた．

(c) 東方向に速さ3 m/sで走っていた人が，2秒後には西方向に速さ5 m/sで走っており，その3秒後にはまた東方向に速さ3 m/sで走っていた．

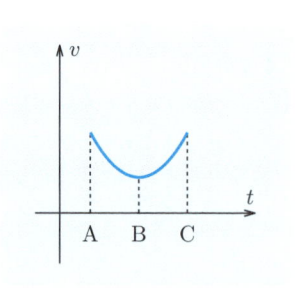

第 2 章　加　速　度

答 基本 2.1　(a)　速度の変化が $60\,\mathrm{km/時} - 0 = 60\,\mathrm{km/時}$ であり，それに 5 秒かかったのだから，平均加速度はそのまま計算すれば

$$速度の変化 \div 時間 = 60\,\mathrm{km/時} \div 5\,\mathrm{s} = 12\,\mathrm{km/時 \cdot s}$$

となる．これを換算すると

$$12\,\mathrm{km/時 \cdot s} = 12 \times 1\,\mathrm{km} \div 1\,時間 \div 1\,秒 = 12 \times 1000\,\mathrm{m} \div 3600\,\mathrm{s} \div 1\,\mathrm{s}$$
$$= (12 \times 1000 \div 3600)\,\mathrm{m/s^2} \fallingdotseq 3.3\,\mathrm{m/s^2}$$

(b)　速度の変化の符号がマイナスであることの他はすべて同じなので，答えは $-3.3\,\mathrm{m/s^2}$ である．

答 基本 2.2　(a)　どちら方向に動いているかは v の正負で決まる．加速度の正負は vt 図のグラフの傾きの正負で決まる．そのことに注意して説明すると
BC 間：減速しながら C で瞬間的に止まる．それまではプラス方向に動いている．加速度はマイナス．
CD 間：加速しながらマイナス方向に動いている（速度はマイナスなので減）．加速度はマイナス．
(b)　AB．傾きがプラスなのはここだけ．
(c)　CD．傾きがマイナスで最も急なところ．
(d)　最も大きいのは A．最も小さいのは C（絶対値は大きい）．
(e)　vt 図で平らな所（$\frac{dv}{dt} = 0$）では，加速度はゼロになることに注意して描く．
(f)　C までは $v > 0$ なので，x は増え続ける．C までは，一番傾きが大きいのは B である．

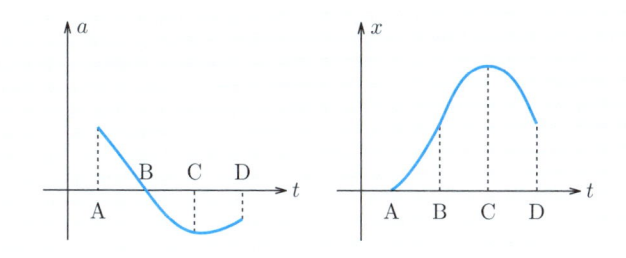

ポイント 2. 等加速度運動・落下運動

● **等速運動** 速度が変化しない運動．その速度の値を v_0 とし，初期位置（$t=0$ での位置）を x_0 と書けば，等速運動は次の式で表される．

$$\text{位置：} \quad x(t) = x_0 + v_0 t \tag{2.2a}$$

$$\text{速度：} \quad v(t) = \tfrac{dx}{dt} = v_0 \quad (\text{一定}) \tag{2.2b}$$

（式 (2.2a) は第1章ポイント2の式 (1.3) と (1.4) である．）

● **等加速度運動** 加速度が一定の運動のこと．加速度とは速度の変化率だから，「加速度が一定」とは，速度が一定の割合で変化する運動である．初期位置と初速度をそれぞれ x_0, v_0 とすると，a を定数として，等加速度運動は次の式で表される（基本問題 2.5 参照）．

$$\text{位置：} \quad x(t) = x_0 + v_0 t + \tfrac{1}{2} a t^2 \tag{2.3a}$$

$$\text{速度：} \quad v(t) = \tfrac{dx}{dt} = v_0 + at \tag{2.3b}$$

$$\text{加速度：} \quad \tfrac{dv}{dt} = a \quad (\text{定数}) \tag{2.3c}$$

つまりこの定数 a は加速度を表している（加速度は英語で acceleration なので，a と書くことが多い）．

式 (2.3a) と (2.3b) から t を消去すると，次の（非常に有用な）式が導かれる．

$$v(t)^2 - v_0{}^2 = 2a\big(x(t) - x_0\big) \tag{2.4}$$

● **地表上の落下運動** 地表上で，地球の重力により垂直方向に動く物体の運動．空気抵抗など，重力以外の力はすべて無視できるとすれば，この運動は（物体の質量によらず）大きさが一定の下向きの加速度をもつ等加速度運動になる．これを **自由落下** という．このときの加速度の絶対値を **重力加速度** といい，通常，g と書く．その値は地球上の場所によってわずかに変わるが，$g \fallingdotseq 9.8 \,\mathrm{m/s^2}$（ほぼ $10\,\mathrm{m/s^2}$）である．

落下中ばかりでなく，上昇中（物体を投げ上げた場合）も，減速するので加速度は下向きである（重力は常に下向きに働いているからだが，詳しくは第3章で改めて説明する）．大きさも常に g である．

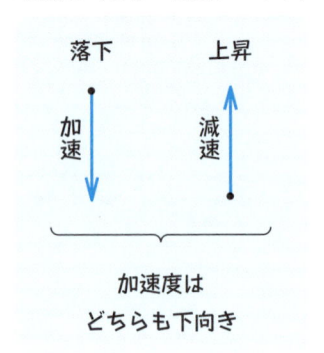

第 2 章　加　速　度

● **地表上の放物運動**　地表上で斜め方向に投げられた物体の運動（重力以外の力が無視できる場合）．水平方向の運動と垂直方向の運動を分けて考える．
水平方向：等速運動（水平方向には力は働いていないので，慣性の法則が成り立つ）
垂直方向：下向きの加速度 g をもつ等加速度運動

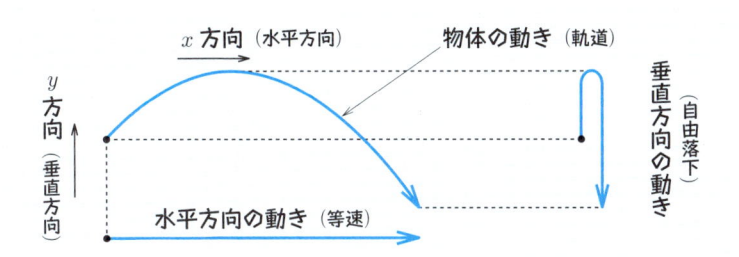

● **放物運動の式での表現**

$$\text{水平方向：}\quad x(t) = x_0 + v_{0x} t \tag{2.5a}$$

$$v_x(t) = v_{0x} \quad (\text{一定}) \tag{2.5b}$$

$$\text{垂直方向：}\quad y(t) = y_0 + v_{0y} t - \tfrac{1}{2} g t^2 \tag{2.6a}$$

$$v_y(t) = v_{0y} - g t \tag{2.6b}$$

ただし初期位置の座標を (x_0, y_0) とし，初速度の各成分を v_{0x}, v_{0y} とした．

● **放物軌道**　$x(t)$ と $y(t)$ の式から t を消去すれば，x と y の関係が得られる．この式は，xy 平面内で，この物体がどのような曲線を描いて動くかを示す．この曲線を軌道という．
上の例の場合，出発点を原点にすると（$x_0 = y_0 = 0$ とする），軌道の式は

$$y = x \tan\theta - \tfrac{1}{2} \frac{g}{v_0^2 \cos^2\theta} x^2 \tag{2.7}$$

となる．y は x の 2 次関数（$y = Ax + Bx^2$ という形をしている）なので，この式で表される曲線を 2 次曲線という．放物線ということもある．

理解度のチェック　2. 等加速度運動・落下運動

理解 2.6　「等加速度運動では物体は常に加速している」．この文は正しいか．
注　「加速している」とは速さが増えている，つまり v の絶対値が時間とともに増えていること．また「減速している」とはその逆を意味するものとする．

理解 2.7　等加速度運動の速度の公式 $v = v_0 + at$ を考える．
(a)　v_0 は何を表しているか．なぜそうだと言えるのか．
(b)　a は何を表しているか．なぜそうだと言えるのか．
(c)　プラス方向に動いており加速しているのは，上の式でどのような場合か．「どの項，あるいはどの量の符号がどうなっている場合」，というような形で答えよ．
(d)　プラス方向に動いているが減速しているのは，上の式でどのような場合か．
(e)　マイナス方向に動いており加速しているのは，上の式ではどのような場合か．

理解 2.8　等加速度運動の位置の公式 $x = x_0 + v_0 t + \frac{1}{2} at^2$ を考える．
(a)　x_0 は何を表しているか．なぜそうだと言えるのか．
(b)　加速度 a がマイナスのとき，x は常に減少していると言えるか．
(c)　加速度 a がマイナスのとき，時間が十分に経過すれば x は減少し始めると言えるか．

理解 2.9　2つのまったく同じ物体を左右に 10 cm 離して持ち，同時に手を離すと，まったく同じように落下するだろう．ではこの2つの物体を接着剤でくっつけて手を離したらどうなるか．このことは，自由落下の性質とどのように関係しているか．

理解 2.10　自由落下で，物体の速度と加速度の方向が違うのは，どのような状況か．

理解 2.11　物体を斜め上に投げ上げたとき（放物運動），加速度はどちらの方向を向いているか．

答 理解 2.6 正しくない．一定の割合で減速している場合も，等加速度運動である．

答 理解 2.7 (a) 初速度 ($t=0$ での速度) を表す．$t=0$ とすれば $v=v_0$ となるから．
(b) 加速度を表す．v の変化率が a ($\frac{dv}{dt}=a$) だから．
(c) プラス方向に動いているとは $v=v_0+at>0$ であるということ．それが加速しているためには，$a>0$ であればよい．たとえば初速度 v_0 がプラス (つまり最初からプラス方向に動いている) ならば問題ないが，$v_0<0$ でも (つまり最初はマイナス方向に動いている)，十分に時間が経過していればよい．
(d) $v>0$ だがその値は時間とともに減っている場合．つまり $v_0+at>0$ だが $a<0$ である場合．たとえば，初速度 v_0 はプラスであり，$a<0$ なので時間の経過とともに v は減っているが，まだマイナスにはなっていない場合．
(e) $v<0$ で $a<0$ である場合．時間が経過すると速さ (v の絶対値) が増える．つまり加速している．

答 理解 2.8 (a) 初期位置 ($t=0$ での位置) を表す．$t=0$ とすれば $x=x_0$ となるから．
(b) $v_0>0$ ならば第2項は増加するので，常に減少とは言えない (微分 $\frac{dx}{dt}$，つまり速度 v の符号を見なければならない)．
(c) t が十分に大きければ第3項の大きさが圧倒的になるので (t の2乗に比例する)，$a<0$ ならば x は減少する (t が十分に大きければ $v<0$ になるからと考えてもよい)．

答 理解 2.9 $10\,\mathrm{cm}$ 離れているかいないかが落下に影響するとは考えられないので，1つずつの物体の場合とまったく同様に落下するだろう．このことは，自由落下の加速度は重さによらないという性質と合致している．

答 理解 2.10 物体を真上に投げ上げ，まだ上昇中の場合．速度は上向きだが，加速度は下向き．したがって減速する．

答 理解 2.11 下方向．水平方向の動きに関しては加速度がゼロであり，垂直方向の動きに関しては加速度は下方向なので，全体としても加速度は下方向を向いている (加速度の水平成分はゼロ，垂直成分は下向きということ)．

2-1. 等加速度運動 ※類題の解答は巻末

基本 2.3 止まっている自動車が一定の加速度で動き出す場合を考える．
(a) 加速度が $3\,\mathrm{m/s^2}$ であるとき，速度が $60\,\mathrm{km/時}$ になるまでどれだけの時間がかかるか．
(b) その間に，この自動車はどれだけの距離を走るか．
(c) 5秒で速度が $60\,\mathrm{km/時}$ になったとすると，加速度の値は何だったのか．
(d) $100\,\mathrm{m}$ 走って速度が $60\,\mathrm{km/時}$ になったとすると，加速度の値は何だったのか．

考え方 等加速度運動の（ポイント2の）どの式が使えるかを確認しよう．
(a) 速度と時間の関係が必要なので，式 (2.3b) が使える．
(b) 速度と距離の関係が必要なので，式 (2.4) が使える．あるいは (a) の答え（時間）を使うとすれば，時間と距離の式 (2.3a) が使える．
(c) 時間と速度がわかっているので，式 (2.3b) が使える．
(d) 速度と距離がわかっているので，式 (2.4) が使える． ●

類題 2.4 速さ $60\,\mathrm{km/時}$ で動いている自動車が，一定の加速度 a で減速して停止することを考える．
(a) 加速度 a の大きさが $3\,\mathrm{m/s^2}$ であるとすると，停止するまでにどれだけの時間がかかるか．その間に，この自動車はどれだけの距離を走るか．
(b) 5秒で停止したとすると，加速度の値は何だったのか．
(c) $100\,\mathrm{m}$ 走って停止したとすると，加速度の値は何だったのか．

考え方 上問の逆を考えているだけなので答えはすべて（符号を除き）同じになるが，停止するという状況ではどういう考え方になるのかを理解しよう． ●

基本 2.4 (a) 静止している自動車を4秒で時速 $40\,\mathrm{km}$ にまで加速するのと，5秒で時速 $50\,\mathrm{km}$ にまで加速するのとでは，どちらが大変か．ただし大変さは加速度で決まるものとする．
(b) 静止している自動車を4秒で $400\,\mathrm{m}$ 走らせるのと，5秒で $500\,\mathrm{m}$ 走らせるのとではどちらが大変か．加速度を計算して考えよ．
(c) 問 (a) と (b) で答えが違うのはなぜか．

第 2 章　加　速　度

答 基本 2.3　(a)　最初に速度の換算をしておこう．

$$60 \text{ km/時} = 60000 \text{ m} \div 3600 \text{ 秒} = \frac{50}{3} \text{ m/s}$$

動き出した時刻を $t = 0$ とする．式 (2.3b) では $v_0 = 0$ となる．したがって求める時間 T は，加速度を a とすると

$$v = aT$$

したがって

$$T = \frac{v}{a} = \frac{50}{3} \text{ m/s} \div 3 \text{ m/s}^2 = \frac{50}{9} (\text{m/s} \times \text{s}^2/\text{m}) \fallingdotseq 5.6 \text{ s}$$

(b)　問 (a) の答え T を使うとすれば，自動車が走った距離（自動車の変位）は $x - x_0$ なので式 (2.3a) より

$$x - x_0 = \tfrac{1}{2} aT^2 = \tfrac{1}{2} \times 3 \text{ m/s}^2 \times \left(\tfrac{50}{9} \text{ s}\right)^2 = \tfrac{2500}{54} \text{ m} \fallingdotseq 46 \text{ m}$$

時間 T を知らなくても式 (2.4) を使えば計算できる．$v_0 = 0$ だから

$$x - x_0 = \frac{v^2}{2a} = \left(\tfrac{50}{3} \text{ m/s}\right)^2 \div (6 \text{ m/s}^2) = \tfrac{2500}{54} \text{ m}$$

(c)　$t = 5 \text{ s}$ で $v = 60 \text{ km/時}$ $\left(= \tfrac{50}{3} \text{ m/s}\right)$ なのだから，式 (2.3b) より

$$a = \frac{v}{t} = \tfrac{50}{3} \text{ m/s} \div 5 \text{ s} = \tfrac{10}{3} \text{ m/s}^2 \fallingdotseq 3.3 \text{ m/s}^2$$

(d)　式 (2.4) に $x - x_0 = 100 \text{ m}$, $v = \tfrac{50}{3} \text{ m/s}$, $v_0 = 0$ を代入すれば

$$a = \frac{v^2}{2(x-x_0)} = -\left(\tfrac{50}{3} \text{ m/s}\right)^2 \div (200 \text{ m})$$
$$= -\tfrac{2500}{1800} \text{ m/s}^2 \fallingdotseq -1.4 \text{ m/s}^2$$

答 基本 2.4　(a)　加速度を計算すると，式 (2.3b) より

$$a = 40 \text{ km/時} \div 4 \text{ s} = 10 \text{ km/時} \cdot \text{s}$$

となり，5 秒の場合も同じなので，「大変さ」は変わらない．

注　10 km/時・s というのはあまり見掛けない単位だが，加速度の次元は「長さ ÷ 時間の 2 乗」なので，それにあった単位であれば何を使ってもよい．

(b)　式 (2.3a) より，ただし $x_0 = v_0 = 0$ として

$$\text{加速度} = 2 \times \text{距離} \div (\text{時間})^2$$

である．この式に代入すれば，4 秒のケースのほうが大変なことがわかる．

(c)　等加速度運動では，速度は時間に比例し，変位は時間の 2 乗に比例するから，

第 2 章 加 速 度

基本 2.5 式 (2.3) で表される等加速度運動の vt 図, xt 図を, $0 \leq t$ の範囲で描け．ただし次の条件を満たすようにせよ．

注 xt 図と vt 図のつじつまが合っているかに注意すること．xt 図のグラフの傾きが vt 図である．

(a) $a > 0, \quad v_0 = x_0 = 0$
(b) $a < 0, \quad v_0 > 0, \quad x_0 = 0$

類題 2.5 次の条件で，基本問題 2.5 と同じ質問に答えよ．

(a) $a > 0, \quad v_0 < 0, \quad x_0 > 0$
(b) $a < 0, \quad v_0 < 0, \quad x_0 > 0$

基本 2.6 「速さが遅くなっているときは加速度がマイナスである」．この文が正しくない場合があることを，等加速度運動のグラフを描いて使って説明せよ．

基本 2.7 (微分) (a) 等加速度運動をしている質点の位置 x は式 (2.3a) のように表される．この式が正しいことを示すために，x の式から v の式が得られることを微分によって示せ．また v の式から加速度を計算し，それが一定であることを，微分によって示せ．

(b) x と v の関係を示す式 (2.4) を導け．

類題 2.6 (積分) 基本問題 2.7 は微分により位置→速度→加速度と求める問題だったが，その逆は積分によって行われる．等加速度運動で，加速度→速度の変化→位置の変化（変位）という順番に積分で求めよ．

基本 2.8 (a) ある質点の速度が $v = 4 - 2t$ という式で表されているとする（数値はすべて SI 単位系でのものと考えてもよいが，各項でつじつまがあった単位を使っていれば何でもよい）．$0 < t$ での vt 図を書き，$t = 0$ からの変位がゼロになる時刻をグラフから推定せよ．

(b) この質点の $t = 0$ からの変位を表す式を書け．その式を見て，問 (a) の推定が正しいことを確かめよ．

第 2 章　加　速　度

答 基本 2.5　(a) vt 図：原点から出発し，直線的に上がる．xt 図：原点から出発し，(v が増えるので) 傾きを増やしながら上がる．
(b) vt 図：正の速度 v_0 から出発し，直線的に下がる ($a<0$ なので)．xt 図：原点から出発し，最初は上がるが，($v<0$ になってからは) 下がる．

答 基本 2.6　速さが遅くなっているとは，v の絶対値が減っている，つまり vt 図で $v=0$ の線 (横軸のこと) に近付いているということである．プラスのほうから近付いても，マイナスのほうから近付いてもよい．また，加速度がマイナスとは vt 図でグラフが右下がり (傾きがマイナス) ということである．したがってマイナスのほうから近付くときには加速度はマイナスにならない．

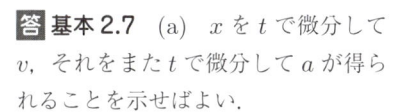

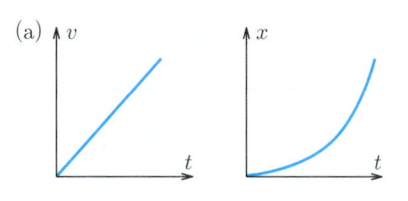

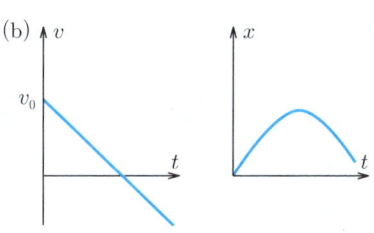

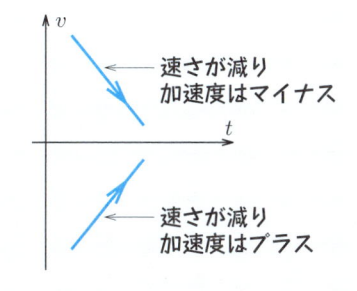

答 基本 2.7　(a) x を t で微分して v，それをまた t で微分して a が得られることを示せばよい．
(b) $v(t)^2 - v_0{}^2 = (v_0+at)^2 - v_0{}^2 = 2v_0 at + a^2 t^2$ と，$x(t)-x_0 = v_0 t + \frac{a}{2}t^2$ を比較すればよい．

答 基本 2.8　(a) 右のグラフ参照．プラス側の面積とマイナス側の面積が等しくなる $t=4$ で，プラスとマイナスで打ち消し合って変位がゼロになると推定される．
(b) v の式を積分してもいいが，式 (2.3b) と比較して $v_0 = 4$, $a = -2$ であることがわかるので，式 (2.3a) より
$$x - x_0 = 4t + \frac{1}{2}(-2)t^2 = 4t - t^2$$
右辺がゼロになるのは，($t=0$ を別にすれば) $t=4$.

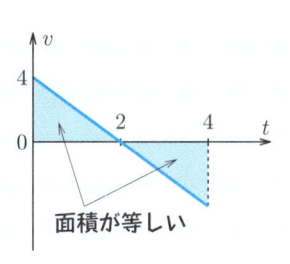

2–2. 落下運動・放物運動 ※類題の解答は巻末

基本 2.9 物体を建物の屋上から自由落下させる．初速度はゼロとする．落下し始めてから次の時間に，どれだけ落下しているか．またそのときの速さはどれだけか．ただしこの建物は無限に高いとし，この物体はいくら落下しても地面には到達しないものとする．重力加速度は $g = 10 \mathrm{~m/s}^2$ として計算する．
(a) 1秒後，(b) 2秒後，(c) 3秒後，(d) 1分後，
(e) 1時間後

基本 2.10 基本問題2.9の計算（の一部）が現実的ではない理由を，建物の高さは無限大ではありえないことの他に2つ考えよ（この質問に対する答えはまだ第2章では説明していない内容を含んでいるが，常識と想像力を駆使して考えてみよう）．

類題 2.7 (a) 1mの高さから，手にもった物体を落とす．自由落下であるとして，床に落ちるまでに何秒かかるか．
(b) 手を高さ2mに上げて同じことをする．落ちるまでの時間は問(a)の何倍になるか．
(c) 2mのところから落とすのと同時に1mのところから初速度 v_0 で上に投げる．この2つの物体が同時に床に落ちるためには，v_0 の値は何でなければならないか．

基本 2.11 (a) 真上に飛んだボールが4秒後に落ちてきた．このボールはどの程度の高さまで上がったか．
(b) 斜め上に飛んだボールが4秒後に落ちてきた．このボールはどの程度の高さまで上がったか．
(c) 問(a)と(b)で，初速度の大きさは同じか違うか．

考え方 問(b)のような問題の基本は，水平方向の運動と垂直方向の運動を分けて考えることである．垂直方向の運動の式と(a)の式がどの程度違うか，同じかを考えてみよう．

第 2 章　加 速 度

答 基本 2.9　屋上を基準点とし $(x=0)$，式 (2.3a), (2.3b) より，$x = \frac{1}{2}gt^2$，$v = gt$ として計算する（下向きをプラスとする式を書いた）．
(a) 5 m（落下距離），10 m/s（速さ），(b) 20 m, 10 m/s, (c) 45 m, 30 m/s, (d) $t = 60$ s より 18000 m $=$ 18 km, 速さは 600 m/s（分速 36 km），(e) $\frac{1}{2} \times 10 \times (3600)^2 = 5 \times 3.6^2 \times 10^6 \fallingdotseq 6.5 \times 10^7$．つまり 65000 km．速さは 36 km/s（時速約 130000 km）．

答 基本 2.10　理由 1：空気抵抗など，空気の影響を無視している．しかし，紙切れだったら，1 秒で 5 m 落下するどころか，風で舞い上がってしまうかもしれない．重い物でも，30 m/s もの速さになるとかなりの空気抵抗を受ける．つまり加速には限界がある．
理由 2：自由落下は地球の重力の効果である．地表から離れると，その効果は減るだろう．たとえば (e) の解答の 65000 km という高さは地球半径の約 10 倍なので，重力加速度は 100 分の 1 程度になる（第 4 章参照）．つまり，もはや等加速度運動の式は近似式としても使えない．

答 基本 2.11　(a)　ずる賢い解法を説明しよう．最高点になるのは（4 秒の半分の）2 秒後なので，その時刻を $t = 0$，その位置を $x = 0$ とする．すると $v_0 = 0$ なので（最高点では瞬間的に $v = 0$），$x = -\frac{1}{2}gt^2$ となる．そして $t = 2$ s を代入すれば 2 秒でどれだけ落下するかがわかるが，それが最高点の高さに他ならない．したがって答えは，$\frac{1}{2} \times 10 \text{ m/s}^2 \times (2 \text{ s})^2 = 20$ m となる．
（普通に答えるには，式 (2.3b)（$t = 2$ s で $v = 0$ という条件を使う）から v_0 を求め，それを式 (2.3a) に使って $t = 2$ s での x を計算する．）
(b)　垂直方向の運動だけを考える．すると，上に上がって 4 秒後に落ちてきたという状況になり，加速度は (a) と同じ $-g$ なので，答えも (a) と変わらない．
(c)　放物運動での垂直方向の運動の式で初速度に相当する部分は，初速度の垂直方向の成分である．それが (a) での初速度に等しい．したがって斜め方向を向く初速度自体の大きさは，真上に投げる場合よりも大きくなければならない．

応用問題　※類題の解答は巻末

応用 2.1（鉛筆をつかめ）　(a) 長さ 15 cm の鉛筆の端を手でつかみ，ある瞬間に落とす．それを，35 cm 下にあるもう1つの手でつかみたい．鉛筆が落ち出したことに気付いてから何秒から何秒以内に，下の手の指を動かさなければならないか．
(b) この実験を，左手と右手でしてみよ．右手は十分に敏捷に反応できるだろうか．ただし，左手が鉛筆を離そうとする気持ちを，右手に伝えてはならない．

応用 2.2（どれがすごいか）　次のそれぞれの加速度の大きさを計算し，大きい順番に並べよ．ただしすべて等加速度運動だと仮定する（各状況で，速度と時間の関係（式 (2.3b))，変位と時間の関係（式 (2.3a))，変位と速度の関係（式 (2.4)) のうちのどれが使えるかを考える）．

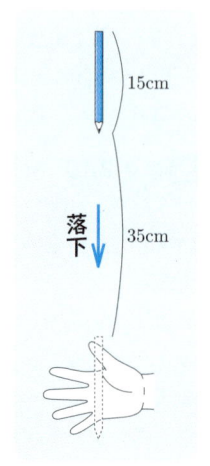

考え方　計算を始める前に順番を想像してみよう．想像とあまりにも違う結果が出たら，それはそれで感心してもいいが，計算間違いという可能性も大きい（私は ② > ④ > ① > ⑤ > ③ と想像した．少し間違っていた．⑥はひっかけ問題なので私の答えは書かない）．

① 100 m を 10 秒で走る速さに，スタートしてから 20 m で到達した．
② 野球の投手が，手を 1 m 振って，時速 150 km のボールを投げた．
③ 通常の自動車では，（エンジン全開にして）4 秒で時速 40 km 程度に到達することができる．
④ レーシングカーでは，静止状態から 5 秒で 400 m 走ることができる．
⑤ 地球上での自由落下する物体（自由落下とは，重力のみを受ける落下）
⑥ 地球上で物を真上に投げ上げたときの物体の加速度

第2章 加 速 度

答 応用 2.1 (a) 位置と時間との関係は，出発点を $x_0 = 0$ とすれば，式 (2.3a) より $x = \frac{1}{2}gt^2$ なので（負号を付けるのが面倒なので下向きをプラスとしよう），$t = \sqrt{2\frac{x}{g}}$ である．鉛筆をつかむためには，落下距離が $0.35 \text{ m} < x < 0.5 \text{ m}$ の間に反応できればよいので，時間にすれば（$g = 10 \text{ m/s}^2$ として）

$$\sqrt{2 \times \tfrac{0.35}{10}} \text{ s} \fallingdotseq 0.26 \text{ s} \quad \text{と} \quad \sqrt{2 \times \tfrac{0.5}{10}} \text{ s} \fallingdotseq 0.32 \text{ s}$$

の間に反応すればいい．

(b) この実験を，問題に与えられた条件を満たすように行うのは難しい．

答 応用 2.2 ① 到達すべき速さは $100 \text{ m} \div 10 \text{ s} = 10 \text{ m/s}$．式 (2.4) を使えば（初期位置も初速度もゼロとして），加速度は

$$a = \frac{v^2}{2x} = \frac{(10 \text{ m/s})^2}{2 \times 20 \text{ m}} = 2.5 \text{ m/s}^2$$

② 投げたときの速さは $150 \text{ km/時} = \frac{150000}{3600} \text{ m/s} = \frac{1500}{36} \text{ m/s}$．式 (2.4) を使えば（初期位置も初速度もゼロとして），加速度は

$$a = \frac{v^2}{2x} = \left(\frac{1500}{36}\right)^2 \div (2 \times 1) \text{ m/s}^2 \fallingdotseq 870 \text{ m/s}^2$$

③ 速さと時間の関係が与えられているので，$v = at$ を使う．

$$a = \frac{v}{t} = \frac{40 \text{ km/時}}{4 \text{ s}} = \frac{40000 \text{ m}}{3600 \text{ s} \times 4 \text{ s}} \fallingdotseq 2.8 \text{ m/s}^2$$

④ 時間と距離の関係が与えられているので，式 (2.3a) で，$x_0 = v_0 = 0$ とすると

$$x = \tfrac{1}{2}at^2 \quad \rightarrow \quad a = \frac{2x}{t^2} = 2 \times 400 \text{ m} \div (5 \text{ s})^2 = 32 \text{ m/s}^2$$

⑤ 重力加速度だから，$a = g = 9.8 \text{ m/s}^2$

⑥ 上昇中も下降中も同じ大きさの重力による運動なので，答えは⑤と同じ（詳しくは第3章参照）．加速度は上昇中も下向きである．

結局，② > ④ > ⑤ = ⑥ > ③ > ① となる．陸上選手の加速度が最低だが，最大速度になるのに 20 m もかかっていないと怒られてしまうかもしれない．②が圧倒的に大きいのは，自動車や人間に比べてボールが軽いからである．ただし重力の場合，軽いと力の大きさも小さくなるので，軽いからといって加速度は大きくならない（これも詳しくは第3章を参照）．

加速度はしばしば，重力加速度 $g\ (\fallingdotseq 10 \text{ m/s}^2)$ の何倍かということで表される．たとえばこのレーシングカーは $3.2g$ の加速ができるという（これはレーシングカーに乗っている人が，この加速中に重力の3.2倍の力で座席の背に押し付けられることを意味するが，それについては第3章，第4章を参照）．

応用 2.3（どんどん速くなるボール）　(a) 高さ 1 m の所で，質量 1 kg の物体を落とす．床に落下するまで何秒程度かかるか．自由落下と考えてよい．

(b)　マンションの屋上から地上まで，質量 1 kg の物体を落とす．高さは 20 m であった．落下するまでの時間はどれだけか，何も計算せずに推定せよ．後で言い逃れできないように，自分の推定値をメモっておくこと（ヒント：1 m 落下する時間の 20 倍程度などと思わないように．そんなにかかるはずはない．直感を信じよう．そもそもこの問では 20 倍などという計算もしてはならない）．

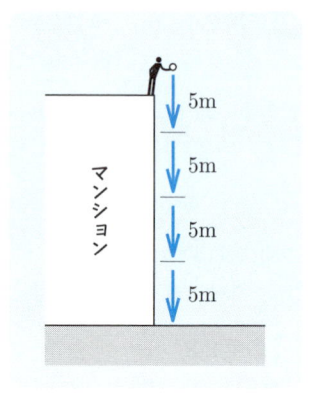

(c)　実際に計算してみよ．

(d)　問 (b) で私は 3 と書いた．私に代わって言い逃れせよ．

(e)　最初の 5 m，次の 5 m，次の 5 m，そして最後の 5 m にかかる時間を求めよ．

(f)　着地したときの速さは時速何 km か．

類題 2.8（簡単な変化球）　野球の投手がボールを捕手に向けて，ただし水平方向に時速 150 km で投げたとする．ボールが空気の影響をまったく受けずに動くとすると，そのボールが捕手の位置に到達するのは何秒後か．そのときボールはどれだけ落下しているか．ただし投手と捕手の間隔は 19 m とする．

応用 2.4（エレベーターは動いているが）　等速で上昇しているエレベーターの中で，物体を床からの高さが x_0 の位置から落とした．その物体が何秒後にエレベーターの床に衝突するかという問題を考える．落とした時刻を $t=0$，その時刻での床の高さを $x=0$ とし，上方向をプラス x の方向とする．

(a)　時刻 t での床の位置 $x_床$ を求めよ．

(b)　時刻 t での物体の位置 $x_物$ を求めよ．

(c)　衝突する時刻 t を決める式を書け．

(d)　その式について考察せよ．

第 2 章 加 速 度

答 応用 2.3 (a) 位置と時間との関係は，出発点を $x_0 = 0$ とすれば，式 (2.3a) より $x = \frac{1}{2}gt^2$ なので，$x = 1$ m の場合には

$$t = \sqrt{\frac{2x}{g}} = \sqrt{2 \times 1 \text{ m} \div 10 \text{ m/s}^2} \fallingdotseq 0.45 \text{ s}$$

自由落下（空気の抵抗などは無視できる）ならば，物体の質量は関係しない．

(b) 略

(c) (a) と同じ式を使って計算すると

$$t = \sqrt{2 \times 20 \text{ m} \div 10 \text{ m/s}^2} = 2 \text{ s}$$

時間は距離に比例しているのではなく，距離の平方根に比例している．したがって距離が 20 倍になっても時間は $\sqrt{20} \fallingdotseq 4.5$ 倍にしかならない．

(d) 私は普段から，$\frac{2}{3}$ 秒を 1 とする時間の単位を使っている．つまり 3 とは実は，$3 \times \frac{2}{3}$ 秒 $= 2$ 秒 という意味であった（物理量を書くときには常に単位を付けよう）．

(e) （出発点から）5 m にかかる時間：$\sqrt{2 \times 5 \text{ m} \div 10 \text{ m/s}^2} = 1$ s

10 m にかかる時間： $\sqrt{2 \times 10 \text{ m} \div 10 \text{ m/s}^2} \fallingdotseq 1.41$ s

15 m にかかる時間： $\sqrt{2 \times 15 \text{ m} \div 10 \text{ m/s}^2} \fallingdotseq 1.73$ s

20 m にかかる時間： (c) より 2 s

したがって 5 m ずつの時間は，1 秒，0.41 秒，0.32 秒，0.27 秒となる．どんどん短くなっている．落ちてくる物体には気をつけよう．

(f) 初速度はゼロなので式 (2.3b) より $v = gt$. (c) の答えを使うと

$$v = 10 \text{ m/s}^2 \times 2 \text{ s} = 20 \text{ m/s} = 20 \times \left(\frac{1}{1000} \text{ km}\right) \div \left(\frac{1}{3600} \text{ 時}\right)$$
$$= (20 \div 1000 \times 3600) \text{ km/時} = 72 \text{ km/時}$$

速球投手の球速の半分程度．簡単につかまえられそうな速さだが，諸君は，どんどん速くなっているボールを捕った経験があるだろうか．

答 応用 2.4 (a) 床は等速運動だから式 (2.2a) より $x_\text{床} = v_0 t$.

(b) 物体が落ち始めたときは，エレベーターと一緒に上向きに v_0 で動いている．その後は自由落下運動だから，$x_\text{物} = x_0 + v_0 t - \frac{1}{2}gt^2$.

(c) $x_\text{床} = x_\text{物}$ より，$x_0 = \frac{1}{2}gt^2$.

(d) これはエレベーターが静止しているとして，物体が x_0 だけ落下するのにかかる時間を与える式と同じである．結局，エレベーターを基準に考え，エレベーターに対して加速度 g の等加速度運動をすると考えればよかったことになる（詳しいことは第 3 章を参照）．

応用 2.5　（バイクで追いかける）　A 氏の目の前を自動車が時速 36 km の等速で通り過ぎた．それを見た瞬間に A 氏は，バイクでそれを追い抜かそうと思った（なぜそう思ったか，その理由は問わない）このバイクは 10 km/時・s の加速度で発進できる（見慣れない単位だが，1 秒で，速さが 10 km/時だけ増える加速度という意味である．自動車ではよく使われる）．しかしバイクに飛び乗って発進するまで 10 秒かかった．

目の前を通り過ぎた自動車をバイクで追い掛ける

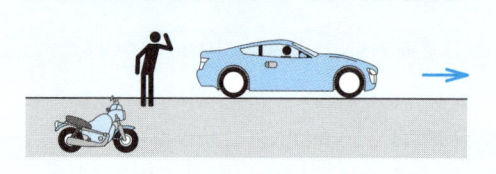

(a)　バイクが止まっていた位置を $x=0$，バイクが出発した時刻を $t=0$ とし，xt 図に自動車とバイクの動きのグラフの概形を描け．その図のどこが追い抜いた位置か．
(b)　バイクが自動車に追い付くまで，何秒かかったか．
(c)　そのときまで，バイクは何メートル走ったか．
(d)　この道路の速度制限は時速 60 km であった．バイクはこの制限を破ることになるか（いろいろな意味で危ないので実験ではなく計算で答えを求めること）．

考え方　まず文字式で計算する．各時刻での自動車とバイクの位置を x_1, x_2．それぞれの速度を v_1, v_2 などと書こう．バイクが出発した時刻と位置を $t=0$, $x=0$ とする．●

答 応用 2.5　(a)　右図
(b)　自動車はその時刻にはすでに 10 秒走っているので，$10\,\mathrm{s}$ を t_0 と書けば $v_1 t_0$ だけ進んでいる．自動車は等速運動だから，その後の位置は式 (2.2a) より，
$$x_1 = v_1 t_0 + v_1 t$$
また，バイクは等加速度運動であり，初期位置も初速度もゼロなので，式 (2.3a) より
$$x_2 = \tfrac{1}{2} a_2 t^2$$

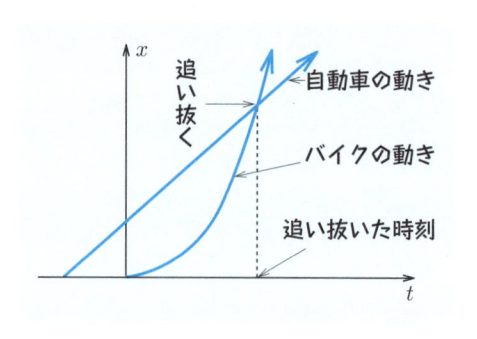

したがって，追い付く時刻は $x_1 = x_2$ になる時刻だから

$$v_1 t_0 - v_1 t = \tfrac{1}{2} a_2 t^2 \quad \rightarrow \quad a_2 t^2 - 2 v_1 t - 2 v_1 t_0 = 0$$

2次方程式になってびっくりしてはいけない．等加速度運動の宿命である．解の公式を使えば答えはすぐに得られる．

$$t = \tfrac{1}{a_2}\left(v_1 \pm \sqrt{v_1{}^2 + 2 a_2 v_1 t_0} \right) \tag{$*$}$$

$t > 0$ になるには符号は $+$ のほうを取らなければならない（$t < 0$ の解が何に対応するかは，上のグラフを見ればわかるだろう）．数値を代入する．まず，必要な換算を先にしておくと (長さは km のままにする)

$$a_2 = 10 \,\text{km/時} \cdot \text{s} = 10 \,\text{km} \div 3600 \,\text{s} \div 1 \,\text{s} = \tfrac{1}{360} \,\text{km/s}^2$$
$$v_1 = 36 \,\text{km/時} = 36 \,\text{km} \div 3600 \,\text{s} = 0.01 \,\text{km/s}$$

これらを式 ($*$) に代入すれば

$$t = \tfrac{1}{1/360}\left(0.01 + \sqrt{(0.01)^2 + 2\left(\tfrac{1}{360}\right)(0.01)(10)} \,\right) \text{s}$$
$$\fallingdotseq 360 \times \left(0.01 + \sqrt{0.0001 + 0.00056} \,\right) \text{s} \fallingdotseq 360 \times 0.036 \,\text{s} = 13 \,\text{s}$$

(c) 問題文ではバイクの位置 x_2 を尋ねているが，賢い人ならば，それに等しい自動車の位置 x_1 を計算するだろう．

$$x_1 = v_1(t + t_0) \fallingdotseq 0.01 \times (13 + 10) \,\text{km} = 0.23 \,\text{km} = 230 \,\text{m}$$

(x_2 にこだわりたければ，$x_2 = \tfrac{1}{2} a_2 t^2$ を計算する．答えが同じになれば，これまでの計算が正しかったことの確認になる．少し複雑な計算をしてきたので，時間があればそのくらいのことはしておいたほうがよい)．

(d) 追い付いたときのバイクの速度は

$$v = a_2 t = \left(\tfrac{1}{360} \,\text{km/s}^2 \right) \times 13 \,\text{s} \fallingdotseq 0.036 \,\text{km/s}$$
$$= 0.036 \,\text{km} \div \left(\tfrac{1}{3600} \,\text{時} \right) = 130 \,\text{km/時}$$

となり，速度制限をはるかに超えているように見える．しかし結論を出すには，A 氏がなぜこのようなことをしたのか，その理由が問題になる．もし彼が警官で，このバイクが白バイであり，もし彼がこの自動車の中に容疑者を見つけたのだったら，速度制限は適用されないだろう．

応用 2.6（遠くに飛ばしたい） 放物運動についての最も有名な問題の1つである．設定は次のとおり．「物体を斜め方向に，ある決まった速さ v で投げる．最も遠くまで到達させるにはどの角度で投げればよいか」（図は右ページ）．

(a) 投げる角度を θ とする（図参照）．そのとき，投げた瞬間の水平方向（x 方向とする）の速さと，垂直方向（y 方向とする）の速さは何か．

(b) 角度をあまり大きくすると（つまり $\theta = \frac{\pi}{2}$（90°）に近付け過ぎると），あまり遠くまで飛ばないだろう．なぜか．

(c) 角度をあまり小さくすると（つまり $\theta = 0$ に近付け過ぎると），あまり遠くまで飛ばないだろう．なぜか．

(d) θ が大き過ぎても小さ過ぎてもだめならば，その中間のどこかが最適だということになる．素直な人ならば，$\theta = \frac{\pi}{4}$（45°）にしたとき最も遠くまで飛ぶのではないかと想像するだろう．物理では，素直な想像が正しいことが多いが，この問題でもそうであることを示せ（式 (2.5a) と式 (2.6a) を使って $y=0$ となる x を求めよ．別解は類題 2.10）．

(e) このときに飛ぶ距離を求めよ．答えの次元が長さの次元になっていることを確認せよ．

類題 2.9（遠くに跳びたい） 上問で，落下する地面が，角度 θ_0 の斜面だったとする．スキーのジャンプに近い設定である．

(a) 最長距離にするにはどの方向に投げればよいか．まず，答えを想像してみよう．

(b) 実際に計算してみよう．まず，投げた位置から距離 L の斜面上の位置が，物体の軌道上にあるという条件から，θ と L の関係を求めよ．

(c) $dL/d\theta = 0$ という条件から，L を最大にする θ を求めよ．

(d) $\theta_0 = \frac{\pi}{6}$（30°）だとする．スキーのジャンパーが最善の方向に飛び出して，$L = 100\,\text{m}$ だけ飛んだ．飛び出したときの速さ v は何だったか（実際のジャンプではいかに空気の揚力を利用するかなど，他のさまざまな要素がからむが，単純化して考えるとどうなるかという疑問をもつことも重要である）．

答 応用 2.6

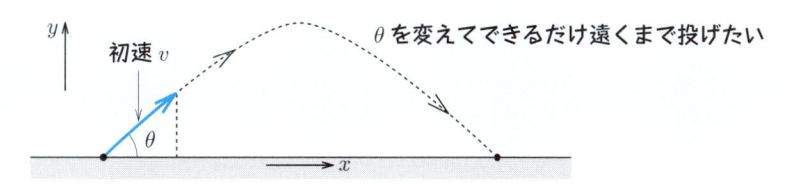

(a) $v_{x0} = v\cos\theta$, $v_{y0} = v\sin\theta$. 初速なので添え字 0 を付けた.

(b) できるだけ遠くまで投げるには，x 方向にできるだけ進んでほしい．x 方向には力は働いていないので，この物体は x 方向には等速運動をする．したがって x 方向の速さは初速度で決まる．しかし v は一定としているので，$\theta = \frac{\pi}{2}$ に近付くと v_{x0} はゼロに近付く．つまり x 方向にはあまり進まない．

(c) この物体が地面に落ちてしまったら終わりである．しかし θ がゼロに近いと，物体は垂直方向にはあまり上がらないので，すぐに地面に落ちてくる．飛行がすぐに終わってしまうので，x 方向にはあまり進めない．

(d) まず，各方向の運動を式で表す．投げた場所を原点，時刻をゼロとする．

水平方向（等速運動）： $x = v_{x0}t = (v\cos\theta)t$

垂直方向（等加速度運動）： $y = -\frac{1}{2}gt^2 + (v\sin\theta)t$

垂直方向については上方向をプラスとしたので，加速度は $-g$ になる．落下時刻は $y = 0$ という条件より

落下時刻： $-\frac{1}{2}gt + v\sin\theta = 0 \quad \rightarrow \quad t = \frac{2v\sin\theta}{g}$

これを x の式に代入すれば

到達距離： $x = v\cos\theta \times \left(\frac{2v\sin\theta}{g}\right) = \frac{v^2}{g} \times 2\sin\theta\cos\theta$

これを最大にするには，$2\sin\theta\cos\theta$ を最大にする θ を求めればよい．$2\sin\theta\cos\theta = \sin 2\theta$ であること（倍角の公式）を使えば，予想通り，$\theta = \frac{\pi}{4}$（$\sin 2\theta$ が最大値 1 になる）が最適であることがわかる．

(e) $\sin 2\theta = 1$ ならば，上式より $x = \frac{v^2}{g}$. この答の次元は

$\frac{v^2}{g}$ の次元 $=$ (長さ $\div$ 時間)^2 $\div$ (長さ $\div$ 時間^2) $=$ 長さ

注 v と g の組合せで長さの次元をもつのは $\frac{v^2}{g}$ という組合せしかない．つまり答えは，「$\frac{v^2}{g} \times$ 無次元の数」という形にならざるをえない．

応用 2.7 (猿を撃つ)　放物運動にまつわる，もう 1 つの有名な問題を紹介しよう．モンキー・シューティングと呼ばれている．カタカナで書くと気取った感じになるが，要するに猿を鉄砲で撃つという話である．といってもこれから説明するように，決して残酷な話ではない．具体的に状況を説明しよう．「木の上に猿がいる．それを，地面にいる猟師が鉄砲で狙って撃つ．どちらの方向に狙いを定めるべきか」．

　猿を狙って撃てばいいというのが常識だろうが，それでは物理の問題としてつまらない．実はこの鉄砲はたいしたものではなく，弾が飛んでいく速さはたかが知れている．つまり猿は弾に当たっても，あの猟師は何かくれたのかと，むしろ喜ぶ程度のものである．弾は高速で飛び出せばほとんど真っすぐ飛んでいくだろうが，この鉄砲の弾はのろいので，ゆっくりと飛んでいる最中にも重力に引かれて，進路は下方向に曲がる（図参照）．

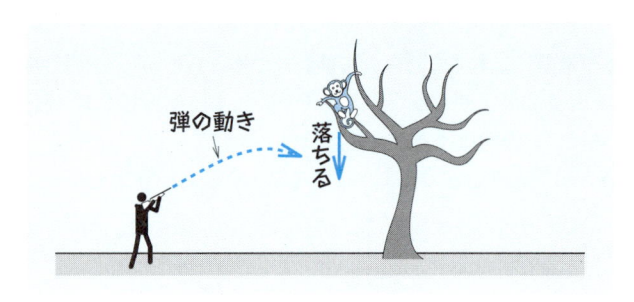

　弾の軌道が下に曲がるのならば，弾を打ち出すときは猿よりも少し上を狙ったほうがよいということになる．実際，どれだけ上を狙えばうまく猿に当たるかという問いも，物理の問題として成り立つだろう（類題 2.11）．しかしこの問題にはもう 1 つひねりがある．弾を打った瞬間に，銃からかなり目立つ火花が飛ぶ．猿はそれを見てびっくりして，弾が打ち出された瞬間に木から滑り落ちる．では，猿も木から落ちることを知っている猟師は，最初から猿の下を狙って撃つだろうか．

　結局，この問題は次のように言い換えることができる．弾の進路は下に曲がるので，猿に当てるためにはその上を狙うべきだろうか．それとも猿はびっくりして落ちるはずなので，猿の下を狙うべきだろうか．

答 応用 2.7 正解が何であるかは計算しなくてもわかる．この問題が有名だとすれば，答えに何か教訓的なことがあるからだろう．だとすれば，答えは，「上でも下でもない．難しいことを考えずに猿を狙えばいい」，のはずである．

しかし一応，計算をしておこう．右の図のような配置で考える．弾は原点から時刻 $t = 0$ に，θ の方向に発射される．水平方向と垂直方向に分けて運動を考えよう．その初速は，$v_x = v\cos\theta$, $v_y = v\sin\theta$ だから

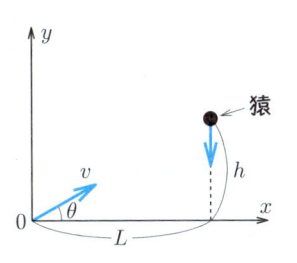

x 方向（等速運動）　　：　$x_1 = (v\cos\theta)t$

y 方向（等加速度運動）：　$y_1 = (v\sin\theta)t - \frac{1}{2}gt^2$

（弾の座標には添え字 1 を付け，猿の座標には添え字 2 を付ける）．

猿のほうは $t = 0$ 以降は垂直方向の自由落下であり，初速はゼロなので

x 方向（静止）　　　：　$x_2 = L$　（一定）

y 方向（等加速度運動）：　$y_2 = h - \frac{1}{2}gt^2$

まず，$x_1 = x_2 = L_2$ という条件から，弾が猿の落下直線上に到達する時刻を求め（$t = \frac{L}{v\cos\theta}$ となる），その時刻に $y_1 = y_2$ になる（弾と猿が衝突している）ように θ を決める．つまり，$y_1 = y_2$ より（$\frac{1}{2}gt^2$ は打ち消し合うので）

$$(v\sin\theta)t = h \rightarrow L\tan\theta = h \rightarrow \tan\theta = \frac{h}{L}$$

最後の式が，弾を撃ち出すべき角度 θ を表す．これはまさに，原点から猿の方向を向く角度に他ならない．v が何であっても，この答えは変わらない．

予想通りの結果だが，なぜそうなったのだろうか．ポイントは，どちらも重力により $-\frac{1}{2}gt^2$ のように落下するので，高度の差（y_1 と y_2 の差）には重力は影響しないという点にある．どの時刻で $y_1 = y_2$ になるかは初速と初期位置だけで決まる．したがって重力がなくても（つまり $g = 0$ でも）答えは同じであり，そして重力がない場合は，（猿は木から滑っても落ちないし，弾は真っすぐ進むので）直接，猿を狙えばいいのは明らかである．どんな物体でも落下の加速度は同じという重力の特徴が，この問題のポイントである．

応用 2.8 （楽して飛ばしたい） それほど有名ではないが，面白い問題をもう1つあげよう．前方 L の位置に高さ h の壁が立っている．地面に置いたボールを最低限の速さで蹴って壁を越えるためには，どの方向に蹴ればいいか．また，そのときの速さはどれだけか．たとえば，$2h = L = 10\,\mathrm{m}$ のときに必要な速さはどれだけか．

次のように考えよう．最低限の速さにするには，ボールの軌道が図のように，ちょうど壁をぎりぎりで越えるようになっていればいいだろう．ボールがこのように飛ぶように，蹴る角度 θ と初速 v を決めよう．

蹴る位置を原点，つまり $x = 0$，$y = 0$ の点とする．時刻 t の入った式（式 (2.5a) と式 (2.6a)）を使って，$x = L$ になる時刻に y が最大値 h になるという条件を考えてもいい．しかしここでは時刻は問題にしていないので，軌道の式 (2.7) を使って，これが $x = L$，$y = h$ が頂点になるような放物線（2次曲線）になるという条件で，答えを求めてみよう．

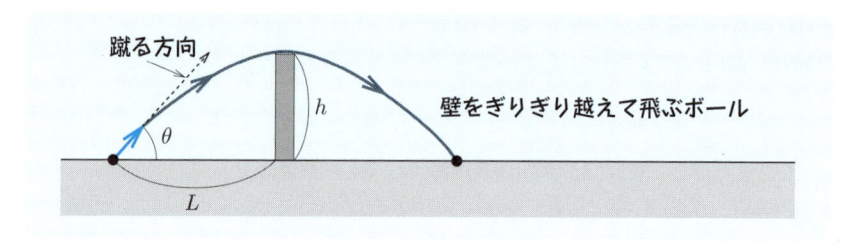

類題 2.10 応用問題 2.6 の問題を，時間を使わずに，（応用問題 2.8 のように）軌道の式 (2.7) を使って解いたらどうなるか．

類題 2.11 応用問題 2.7 のモンキー・シューティングの問題で，猿は火花に驚かない（つまり動かない）としたら，どの方向にどれだけの速さで弾を撃てばよいか．速さ v を角度 θ の関数として求めよ．

(考え方) 応用問題 2.8 で使った軌道の式で，$x = L$ のときに $y = h$ になるという条件だけを課せばよい．猿に当てるのに最低限の速度は何かという問題にすると，応用問題 2.8 とまったく同じ話になる．

第2章 加 速 度

答 応用 2.8 まず，原点から角度 θ の方向に，初速 v で飛び出す物体の運動は，式 (2.7) より，次のように書ける．

$$y = x\tan\theta - \frac{1}{2}\frac{g}{v^2\cos^2\theta}x^2$$

まず，$x = L$ で $y = h$ になるという条件から

$$h = L\tan\theta - \frac{1}{2}\frac{g}{v^2\cos^2\theta}L^2 \tag{$*$}$$

また，$x = L$ でこの2次曲線が頂点になるという条件より

$$\frac{dy}{dx} = \tan\theta - \frac{g}{v^2\cos^2\theta}x$$

が $x = L$ でゼロにならなければならない．つまり

$$\frac{g}{v^2\cos^2\theta}L = \tan\theta \tag{$**$}$$

これを式 $(*)$ の右辺第2項に代入すれば

$$h = \frac{L}{2}\tan\theta \quad \to \quad \tan\theta = \frac{2h}{L} \tag{$***$}$$

つまり，壁の高さの2倍上のところを狙って蹴ると，最小の速さですむことになる．その最小の速さ v とは，式 $(**)$ より

$$v^2 = \frac{gL}{\sin\theta\cos\theta}$$

だが，式 $(***)$ を使うために $\tan\theta$ で表すと，

$$\sin\theta\cos\theta = \tan\theta\cos^2\theta = \frac{\tan\theta}{1+\tan^2\theta}$$

だから

$$v^2 = gL\left(\frac{L}{2h}\right)\left(1 + \left(\frac{2h}{L}\right)^2\right) = \frac{g}{2h}(L^2 + 4h^2)$$

問題に与えられた数値を代入すると

$$v^2 = \frac{10\text{ m/s}^2}{10\text{ m}}(100\text{ m}^2 + 100\text{ m}^2) = 200\text{ m}^2/\text{s}^2$$

だから

$$v \fallingdotseq 14\text{ m/s} \fallingdotseq 50\text{ km/時}$$

となる．

注 $L = 0$ とすると $v^2 = 2gh$ になる．これが何を意味するか考えよ．

第3章 運動方程式と力

> ポイント

I. 運動の法則の基本

● **運動方程式（運動の第2法則）** 物体の運動の加速度 (a) は，周囲から受ける力 (F) によって生じる．加速度と力は比例し，比例係数は，その物体の**質量** (m) である．この関係を，ニュートンの運動方程式という．

$$\text{質量} \times \text{加速度} = \text{力} \quad \text{すなわち} \quad ma = F \tag{3.1}$$

注1 質量は物体に固有の量であり，加速されにくさを表す（m が大きければ a は小さくなる）．**慣性**（そのままの速度で動き続けようとする性質）の強さを表すと言ってもよい．

注2 式 (3.1) の関係は，符号あるいは方向も含めて成り立つ．力が $+x$ 方向ならば加速度も $+x$ 方向である（質量はプラスなので，F と a の符号は同じ）．

2次元的，あるいは3次元的な運動の場合は，各方向（x 方向，y 方向など）それぞれについて上式が成り立つ．加速度も力もベクトルと考えると，どちらも同じ方向を向き，その大きさが比例することを意味する．

● **力の次元と単位** 国際的な約束では，質量は1つの独立した次元だと考える．またSI単位系では，質量の単位は kg（キログラム）とする．したがって式 (3.1) より，力の次元は「質量×加速度の次元 (37ページ)」となり，SI単位系では $\text{kg} \cdot \text{m/s}^2$ となる．この組合せをまとめて N と書き，ニュートンと読む．

$$\text{力の単位：} \quad 1\,\text{N}\,(\text{ニュートン}) = 1\,\text{kg} \cdot \text{m/s}^2 \tag{3.2}$$

● **作用反作用の法則（運動の第3法則）** 物体 A が物体 B に力を及ぼしているときは，物体 B も物体 A に力を及ぼしており，この2つの力は大きさが等しく，向きは反対方向である（これは慣性の法則からの必然の結果である）．

● **力の合成** 1つの物体に複数の力が働いているとき，運動方程式の右辺 F に使う力は，それらを足し合わせた（合成した）ものである（**合力**という）．足し合わせは方向ごとに行えばよい．

II. 重力と重量

🔵 **重力** すべての物体の間には，それらの質量の積に比例する引力が働く．これを万有引力というが（第4章），その1つのケースとして，地表上の物体は地球から引力を受ける．これを（地表上での）重力という．重力は地球の中心方向を向き，その大きさは

$$\text{重力の大きさ} = mg \quad \text{ただし} \quad g \fallingdotseq 9.8 \, \text{m/s}^2 \tag{3.3}$$

ただし m は物体の質量，g は，すべての物体に共通の定数で，**重力加速度**と呼ばれ，加速度の次元をもつ（g の大きさは地球の質量に比例するので，重力全体としては質量の積に比例する…第4章）．

🔵 **重さ（重量）** 物体が受ける重力 mg を，（地表上での）その物体の重さ，あるいは重量という．質量 m と混同しないように．

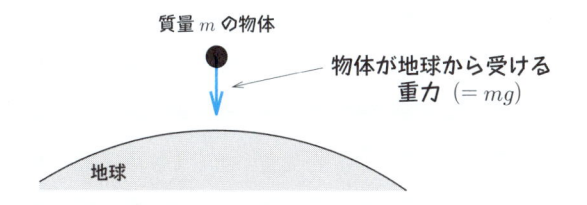

III. さまざまな接触力

2つの「もの」が接触しているとき，その接触の仕方によってさまざまな力が働く．以下，重要な例をあげよう．

🔵 **垂直抗力** 台に置いた物体が台から受ける力．接触面に垂直方向に働く．その反作用として，台も物体から垂直抗力を受ける．

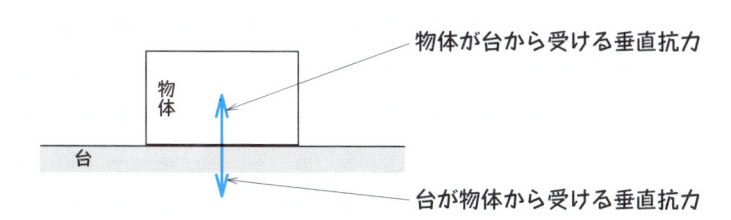

📝 垂直抗力とは，接触面全体に働く力の合計である．単位面積当たりに働く力を一般に**圧力**と呼ぶが，台と物体の間に働く圧力は，垂直抗力を接触面積で割ったものになる．

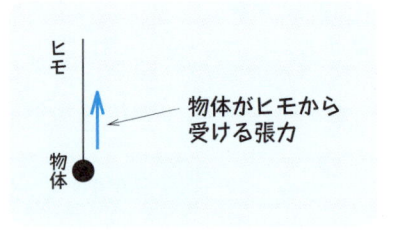

- **張力** ヒモ（あるいは棒）にぶら下がっている物体が，そのヒモから受ける力．
- **バネの力（弾性力）** バネを伸ばしたとき（あるいは縮めたとき），元の長さに戻ろうとする力．バネに限らず，変形した物体が元に戻ろうとする傾向のことを弾性といい，このときの力のことを，一般に**弾性力**という．張力はヒモの弾性力であり，垂直抗力も台の弾性力である．詳しい議論は第6章で行う．
- **摩擦力** 次の2つのケースを区別する．

静止摩擦力 2つの物体の接触面がずれようとするとき（しかしまだずれ出してはいないとき）に，ずれようとする方向と反対の向きに働く力．ずらそうとする力が強いほど静止摩擦力も大きくなって，物体が滑るのを阻むが，限度がある．この限度を**最大静止摩擦力**という．最大静止摩擦力の大きさは，この2つの物体間に働いている垂直抗力に比例し，その係数（通常，μと書く）を**静止摩擦係数**という

$$\text{最大静止摩擦力} = \mu \times \text{垂直抗力} \tag{3.4}$$

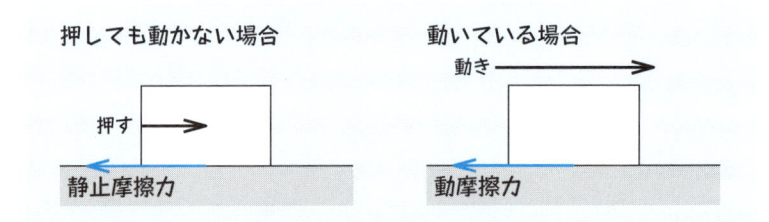

動摩擦力 2つの物体の接触面が実際にずれているときに，そのずれと反対の向きに働く力．その大きさはずれの速度には依存せず，面の間の垂直抗力に比例する．このときの比例係数を**動摩擦係数**といい，通常 μ' と書く．

$$\text{動摩擦力} = \mu' \times \text{垂直抗力} \tag{3.5}$$

注1 式 (3.4) も (3.5) も経験法則である．つまり実験により，近似的に成り立っていることが示されているが，理論的に証明されているわけではなく，厳密な式でもない．しかし以下での摩擦力の問題では，これらの式が正確に成り立っていると仮定して計算を行う．

第 3 章　運動方程式と力　　　　　　　　　　　　　　　　　57

🔴 **注 2**　どちらの摩擦係数も，接触する面の性質によって変わる．その値はさまざまで，1 に近い場合から 0.1 程度（たとえば油を塗った金属どうしの場合），あるいはそれ以下のこともある．また，動摩擦係数 μ' のほうが小さい．

● **抵抗力**　物体が気体内，あるいは液体内を動くときに，空気あるいは水から受ける，運動を止めようとする力．物体の速度が大きくなるほど抵抗力も大きくなる．向きは常に，物体の動きと逆向きである．

🔴 **注**　物体が動いていなければ抵抗力もない．ただし気体あるいは液体のほうが動いていれば（流れていれば），物体はむしろそれと一緒に動いていないと抵抗力を受ける．

● **気圧・水圧**　気体内あるいは水中の物体は，静止していても，四方八方から力を受ける．この力の単位面積当たりの大きさ（圧力）を，**気圧**あるいは**水圧**という．

たとえば気体中，あるいは液体中のある場所に仮想上の面を考えたとき，その面は両側から圧力を受ける．その大きさは面がどちらの方向を向いていても等しい．ただし高度（あるいは深さ）が違えば，気圧（水圧）は異なる．

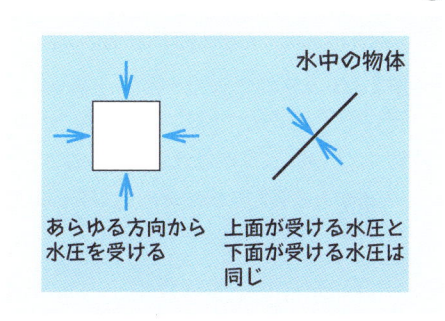

🔴 **注**　水圧（あるいは気圧）は，それより上の部分にある水（空気）の重さを支えることによって生じる力だと考えればよい．だからといって，常に下向きだと考えてはいけない．物体の下側にも水（空気）があれば，その物体は下からも，上向きの圧力を受ける．

● **圧力の単位**　気圧，水圧に限らず一般に圧力は 力 ÷ 面積 の次元をもち，SI 単位系では Pa（パスカル）と表す．

$$\text{圧力の単位：}\quad 1\,\text{Pa}\,(\text{パスカル}) = 1\,\text{N/m}^2 = 1\,\text{kg/m}\cdot\text{s}^2 \quad (3.6)$$

また，1013.25 hPa（ヘクトパスカル）のことを 1 気圧という．1 hPa は 100 Pa のことなので（6 ページ参照），1 気圧はほぼ 10^5 Pa（10 万パスカル）である．

理解度のチェック

理解 3.1 （運動の法則） 以下の文は正しいか．誤っているとしたら，それに反する例をあげよ．
(a) 「物体が静止しているとき，この物体には力は働いていない．」
(b) 「物体が斜め上方向に動いている．これは，斜め上方向に力が働いていることを意味する．」

理解 3.2 （運動の法則）
(a) 力が加わっている物体が，一直線上を等速で運動することはありうるか．
(b) 物体を等加速度運動させるには，どのような力を加えればよいか．

理解 3.3 （運動の法則・重力） 真っすぐに投げ上げられた物体が，いったん上昇しまた落下してくるという現象で，運動方程式 $ma = F$ が成り立っていることを，両辺の符号について確かめよ（大きさについては考える必要はない）．力は重力だけ考えればよい．

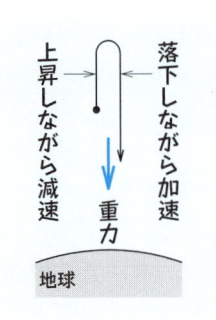

理解 3.4 （作用反作用の法則） 「台の上に置いた物体は静止している．これは作用と反作用がつり合うからである．」この文は正しいか．正しくないとしたら，なぜ静止しているのか説明せよ．

（考え方） この状況では，図の3つの力が働いている．この3つの力は何だろうか．それは何に働いている力だろうか．

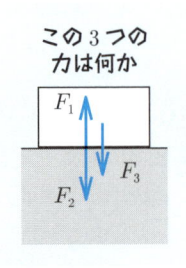

第3章　運動方程式と力　　　　　　　　　　59

答 理解 3.1 (a)　誤り．ただしこの文中の力という用語が，物体が受けているすべての力の合力という意味だとすれば正しい．物体がさまざまな力を受けていても，それらが打ち消し合えば（合力 = 0 ということ），静止している物体は静止したままである．このような状態を**つり合い**の状態という．これは慣性の法則（何も力が働いていない場合の法則）とは違うことに注意．例として，台の上に置いた物体には，下向きの重力と，台からの上向きの垂直抗力が働き，打ち消し合って動かない（55 ページの図を参照）．
(b)　誤り．重力も含めて何も力が働いていない場合，斜め上方向に動いている物体はそのままその方向に動き続ける（慣性の法則）．運動の第2法則によれば，力の方向は，物体の運動方向（速度の方向）ではなく，<u>速度の変化率（加速度）の方向</u>に等しい．

答 理解 3.2　運動方程式 $ma = F$ で考える．
(a)　等速なのだから加速度はゼロ（$a = 0$）．したがって $F = 0$ でなければならないが，F はこの物体に働く合力なので，力の合計がゼロ，つまりつり合っていればよい．
(b)　a が一定ということは $F =$ 一定．つまり合力が一定（大きさも向きも）ならばよい．

答 理解 3.3　上向きをプラス，下向きをマイナスとして考えよう．第2章のポイント2で説明したように，加速度は物体が上昇中（プラス方向に動き減速）も，落下中（マイナス方向に動き加速）もマイナス（下向き）である．また重力も常に下向き，つまりマイナスである．したがって上昇中も落下中も，運動方程式の両辺ともマイナスであり，つじつまが合っている．

答 理解 3.4　正しくない．F_1 は物体が受ける垂直抗力，F_2 は台が受ける垂直抗力，F_3 は物体が地球から受ける重力（地球が物体から受ける重力は描いていない）．物体に働いているのは F_1 と F_3 で，それがつり合っているので静止している．作用と反作用の関係になるのは F_1 と F_2．つまり，つり合いと作用反作用の法則とは関係ない（F_1 と F_3 がつり合うのは，ちょうどそうなるように台の表面がわずかにへこんで，物体を上に押し返すからである）．

第3章 運動方程式と力

理解 3.5 (張力) 天井から垂れているヒモの先端に物体が結び付けられている．ヒモの質量は無視できるとして答えよ（つまりヒモには重力は働かないということ）．
(a) 物体が静止しているのは，何の力と何の力がつり合っているからか．
(b) ヒモが静止しているのは，何の力と何の力がつり合っているからか．

考え方 理解度のチェック3.4と同様に，この状況で働いている5つの力を描いた．この5つの力は何だろうか．それは何に働いている力だろうか．矢印の向きに注意しよう．

理解 3.6 (重力) 空気抵抗が無視できる場合，同時に落とした物体はすべて，同時に落下する．このことから，重力について何が言えるか（史実ではないようだが，ガリレオがピサの斜塔で示したと言われている実験である）．

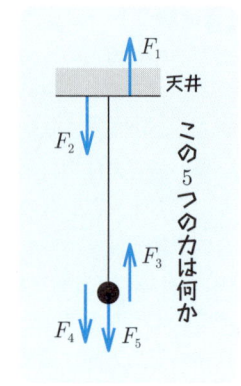

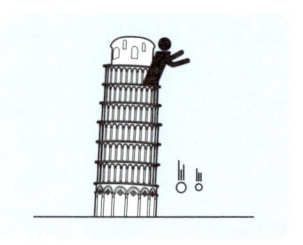

理解 3.7 (重さと質量) ある物体を地表上に置いた場合と，月面上に置いた場合とで，その質量は変わるか．またその重量は変わるか．

理解 3.8 (重さと質量) 天秤での測定のメカニズムを，重さと質量という言葉を使って説明せよ．天秤では何が測れるのか．

考え方 天秤では，左右の皿に載せた分銅と物体のバランスを見る．

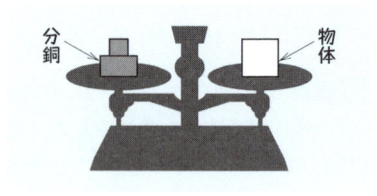

第 3 章　運動方程式と力

答 理解 3.5　F_1 はヒモが天井に引っ張られる力．F_2 は天井がヒモに引っ張られる力（張力）．F_3 は物体がヒモに引っ張られる力（張力）．F_4 はヒモが物体に引っ張られる力．F_5 は，物体が地球から受ける重力（作用反作用の関係にあるのは，F_1 と F_2，および F_3 と F_4 である）．

(a)　物体に働いているのは F_3 と F_5 である．この2つは反対方向を向き，つり合っている．

(b)　ヒモに働いているのは，F_1 と F_4 である．この2つは反対方向を向き，つり合っている．

答 理解 3.6　重力の大きさは物体の質量に比例するということが言える．重力が質量 m に比例して mg と書けるとすれば（g は定数），運動方程式は $ma = mg$ つまり $a = g$ となり，加速度が物体によらない定数になる．したがってすべての物体は同時に落下する（比例係数 g は加速度 a に等しい．このことが，g が重力加速度と呼ばれる理由である）．

答 理解 3.7　質量とは，各物体がもつ，各物体に固有の量である．したがって物体を宇宙のどこに置いてもその質量は変わらない．重量とは，その物体が受ける重力の大きさである．したがって，地表上と月面上とでは値は異なる．

答 理解 3.8　天秤では，左側の皿に載せた物体に働く重力と，右側に載せた分銅に働く重力が等しいと，バランスが取れる（重力が等しいとは重量が等しいということでもある）．重力は mg だから，重力が等しいとは質量 m が等しいということである．そして分銅の質量はわかっているので，物体の質量がわかる．

つまり重力を通して質量を測っていることになる（これは地表上でも月面上でも同じことであり，月面でも天秤により正しい質量が得られる）．

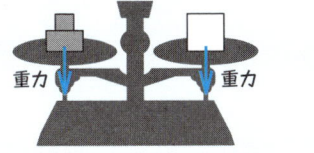

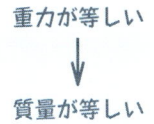

理解 3.9　（摩擦力）　次の場合の摩擦力はどちら向きに働くか．またそれは，静止摩擦力か動摩擦力か．摩擦力は常に後ろ向きに働くとは思いこまないように．非常に前向きに働く摩擦力もある．
(a)　床に置いた物体を手で押したときの，物体に働く摩擦力
(b)　トラックの荷台に荷物をのせ，どこにも固定しないままトラックを発進させたときに，その荷物に働く摩擦力
(c)　斜面に物体を置いたとき，その物体に働く摩擦力
(d)　斜面にそって物体を引っ張り上げているときに働く摩擦力
(e)　車を発進させたときに，タイヤの地面に接触している部分に働く摩擦力
(f)　ブレーキを掛けてタイヤの回転を止めたら，車がスリップした．このときタイヤの地面に接触している部分に働く摩擦力

考え方　摩擦力の方向は次のように考える．
静止摩擦力の場合：接触面がずれようとする方向と逆方向に働く．摩擦がなかったら物体が動くはずの方向の逆方向が摩擦力の方向である．
動摩擦力の場合：接触面が実際にずれている方向と逆方向に働く．
静止摩擦力か動摩擦力かは，接触部分が実際に滑っているかいないかによって決まる．

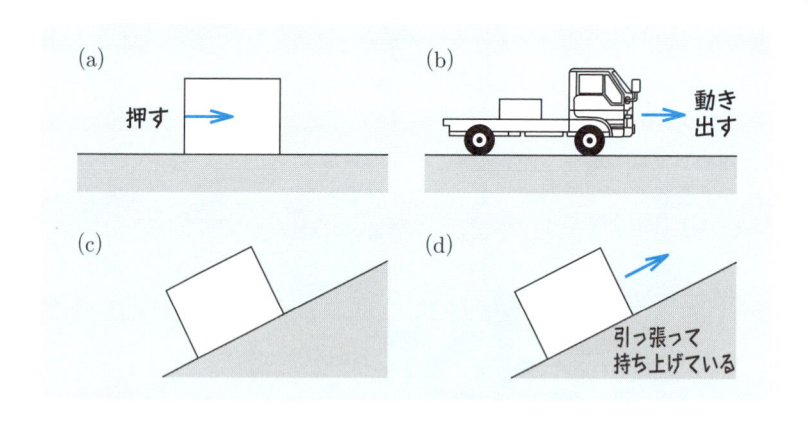

第 3 章　運動方程式と力

答 理解 3.9　(a)　摩擦力がなければ，物体は押した方向に滑るだろう．したがって，摩擦力はその逆方向，つまり<u>後ろ向き</u>に働く．動き始めるまでは静止摩擦力，動き出してからは動摩擦力．

(b)　摩擦力がなければ，トラックが走り出しても，荷物は荷台を後ろ向きに滑って取り残されるだろう（慣性の法則）．したがって，摩擦力は物体が滑らないように，<u>前向き</u>（トラックが発進した方向）に働く．荷物が滑らずに荷台と一緒に動いているのならば静止摩擦力．滑っていれば動摩擦力．

(c)　摩擦力がなければ物体は斜面を下り落ちる．したがって摩擦力は<u>斜面上向き</u>に働く．静止摩擦力．

(d)　物体は上向きに動いているのだから，動摩擦力が<u>斜面下向き</u>に働く．

(e)　タイヤの地面に接触している部分は，摩擦が働かなければ，後ろ向きに滑って，から回りするだろう．したがって摩擦力は前向きに働く．自動車が前進できるのは，この摩擦力のおかげである．タイヤがスリップしていなければ，タイヤの接触部分は地面に対して動いていないので，これは静止摩擦力である（摩擦力は常に運動の邪魔になると考えてはいけない．人間が前に歩けるのも，靴と地面の間に働く，前向きの摩擦力のおかげである）．

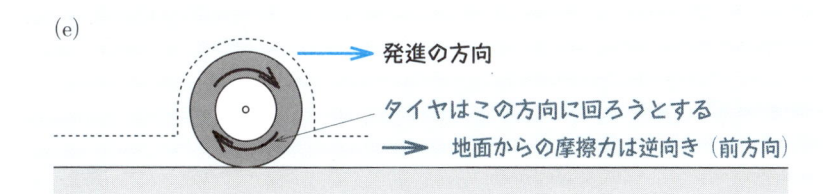

(e)
発進の方向
タイヤはこの方向に回ろうとする
地面からの摩擦力は逆向き（前方向）

(f)　タイヤは（正確に言えば，タイヤの，地面と接触している部分は）前に動いているのだから，摩擦力は後ろ向き．動摩擦力．

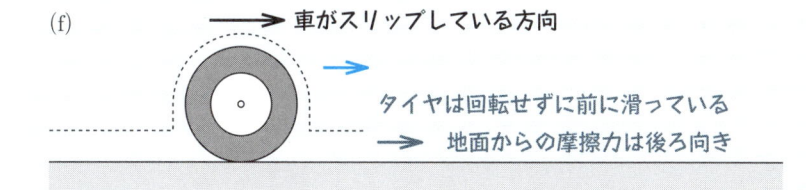

(f)
車がスリップしている方向
タイヤは回転せずに前に滑っている
地面からの摩擦力は後ろ向き

第3章 運動方程式と力

理解 3.10 (摩擦力) 「台の上で静止している物体は，台から，「$\mu \times$ 垂直抗力」の大きさの摩擦力を受ける．」この文は正しいか．

理解 3.11 (抵抗力) 雨粒は，一定の速度で地上に落ちてくる．重力を受けて加速しているはずなのに，なぜ速度は一定になるのか（そうならないと，雨粒にぶつかったとき大変なことになる）．

理解 3.12 (圧力) (a) 普通の靴で踏まれた場合と，かかとの細い靴で踏まれた場合とで，受ける力はどう違うか．
(b) 受ける圧力はどう違うか．

理解 3.13 (水圧) (a) 水中に，厚さの無視できる板 A を置いた．この板はどのような方向の水圧を受けるか．
(b) この板が水から受ける力の合力はどれだけか．
(c) もう1枚，同じ深さの所に，面積2倍の板 B を置いた．水から受ける力について，板 A と比べて同じ点は何か，違う点は何か．

理解 3.14 (水圧) 水の入った大きなシリンダーの中に，図のように4カ所，小さな板を入れたとする．板が受ける水圧の大きい順に並べよ．

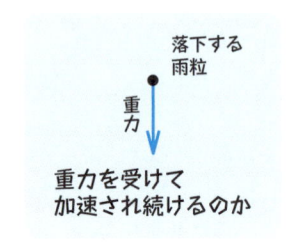

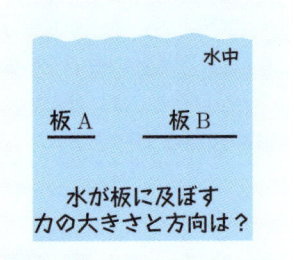

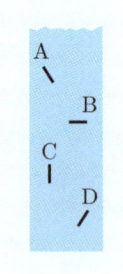

第 3 章　運動方程式と力　　65

答 理解 3.10　正しくない．物体をずらそうという作用がない限り，摩擦力は生じない．$\mu \times$ 垂直抗力 とは，その摩擦力が大きくなりうる限度である．

答 理解 3.11　重力を受けて加速すると，速さが増えるので空気抵抗が増す．重力は一定なので，ある速度にまで加速されると，力がつり合って等速運動するようになる．
注　この速度を**終速度**というが，終速度に近付くと（重力と空気抵抗がほぼ等しくなり）合力はどんどん小さくなるので加速されにくくなり，正確に終速度に達するには無限の時間が必要である．このように，最終状態に近付きはするが，正確に一致するには無限の時間がかかる現象を，**過渡現象**という．●

答 理解 3.12　(a)　話を簡単にするために，踏んだ人は片足で立っていたとする．すると（とんだ災難だが）踏んだ人の全体重を，踏まれた足が踏んだ靴に与える垂直抗力で支えることになる．そして踏まれた足が受ける力は，その垂直抗力の反作用である．つまり足が受ける力は踏んだ人の体重で決まり，靴のかかとの大きさには関係しない．
(b)　圧力とは，受けた力を接触面積で割ったものである．かかとの細い靴のかかとの面積は小さいので，圧力は大きくなる．力は集中して受けたときのほうが痛い．

答 理解 3.13　(a)　上面と下面に，板に垂直な方向の水圧を受ける．
(b)　上面と下面の水圧は，力が同じで向きは反対．したがって合力はゼロ．
(c)　水圧とは単位面積当たりが受ける力なので，板の面積には関係しない．しかし面積が 2 倍ならば，上面全体（あるいは下面全体）が受ける力も 2 倍になる（合力はゼロ）．

答 理解 3.14　水圧は面の向きには関係しない．そこで，すべての板が B のように，水平方向になっていると考えるとわかりやすい．各位置での板が受ける水圧は，それより上にあるすべての水（およびその水の上にある大気）が板に与える圧力に等しい．したがって深いほど，（その上の水の量が増えるので）水圧は大きくなる．つまり順番は D, C, B, A である．

基本問題　※類題の解答は巻末

基本 3.1　（作用反作用の法則）　(a)　よくある質問をしよう．「土俵の上で子供と相撲の力士が押し合っている．作用反作用の法則が正しいならば，力士が子供を押す力と子供が力士を押す力は大きさが同じはずである．しかし実際には力士はまったく動かず，子供のほうが押されてしまう．おかしいではないか．」この人を説得せよ．

考え方　押されて動くかどうかは，押された力だけでは決まらない．力士あるいは子供に対して，他にどのような力が「外から」働いているのかを考えなければならない．力士や子供の足に着目しよう．

力士が子供を押す力
＝子供が力士を押す力

(b)　さらに，「子供よりも力士のほうが圧倒的に力は強い．それなのに，力士と子供の間に働く作用と反作用の大きさが同じというのは，やはりおかしい．」と言われた．負けずに反論せよ．

考え方　力士が本気で子供を押したらどうなるだろうか．子供ははね飛ばされてしまうだろう．そのとき，子供はどのような力を力士に与えるだろうか．スケートボードに乗って何かを勢いよく投げたら何が起こるかを考えるとよい．

(c)　宇宙空間で浮いている子供と力士が押し合ったらどうなるか．もちろん，ふんどしではなく宇宙服を着ているとする．

考え方　この状況では外から摩擦力は働いていないから，互いに押す力だけを考えればよい．宇宙服がなぜ重要かを考えよ．

類題 3.1　土俵上で体重が同じ力士が押し合ったとき，どちらが押し勝つのかは，何によって決まるのか．

第3章 運動方程式と力 　　　　　　　　　　　　　67

答 基本 3.1 (a) それぞれに働く「水平方向」の力を考えよう．どちらにも，相手から受ける力の他に，地面から受ける摩擦力が働く．相手から受ける力の大きさは作用反作用の法則で同じだが，摩擦力は足が地面を押す垂直抗力に比例するので，力士のほうがずっと大きい（摩擦力は，足の裏が地面を後ろに滑ろうという動きを妨げる方向に働くのだから，前向きに働くことに注意）．したがって子供に働く力はつり合わず，子供が後ろに飛ばされる．

　　作用反作用の法則： 　子供が押す力 = 力士が押す力

　力士： 　子供が押す力 = 足が受ける摩擦力…つり合うので動かない

　子供： 　力士が押す力 > 足が受ける摩擦力…押されて後退する

（では，垂直抗力の大きさは何によって決まるのか．左ページ下の類題3.1を参照．）
(b) 子供が力士にはね飛ばされるとき，力士が子供を押す力の反作用は何か，という問題を考える．子供が自分の筋肉を使って力士を押す力が，力士が押す力の反作用なのではない．そもそも子供がはね飛ばされて，足で踏ん張れない状態になってしまったら，子供は筋肉をどのようにしても力士を押すことなどできない．しかし，どんな物体でもはね飛ばすと反動を受ける．たとえばスケートボードに乗っていて物を前に投げると，自分は後ろに滑りだすことから，投げた反動で後ろ向きの力を受けたことがわかる．投げた物体に筋肉など付いていなくでも，この反動は必ず生じる．この反動が，子供をはね飛ばした力の反作用である．強くはね飛ばすほど，その反動は大きい．子供は自分の筋肉によってではなく，はね飛ばされることによって，力士と同じ大きさの力を力士に与えているのである．しかし力士は自分の足から受ける摩擦力によってこの力を打ち消すので，動かない．
(c) 摩擦力はなく，相手からの力だけを受ける．力の大きさは等しいので，相手にはね飛ばされるときの加速度は，(宇宙服を加えた) それぞれの質量に反比例する ($F = ma$，つまり F が同じならば m と a は反比例)．したがって，もし子供の宇宙服のほうが贅沢品で非常に重かったら，いくら子供がひ弱でも，力士が力を出せば出すほど自分のほうが多く飛ばされる．子どもというよりは大きな岩を押したと考えればよい．

■基本 **3.2** (重力) (a) 重力は月面上では地表上と比べて約6分の1になる。質量 m の物体が月面上で受ける重力を mg' と書くと，g' はどの程度の大きさになるか（重力は物体と天体間の万有引力が原因なので，その大きさが質量 m に比例するのはどの天体に行っても変わらないはずである。月面でもこの法則が成り立っていると物理学者は信じている）。

(b) つかんでいた物体から手を離せば，月面上でもその物体は重力で落下するだろう。しかし重力が弱いのでゆっくりと落下するはずである。1m 落下するのにかかる時間は，月面上では地表上の場合の何倍か。

(c) 同じ物体を真上に同じ速度で投げ上げたとすると，月面上のほうが高くまで到達するだろう。最高点の高さは，月面上では地表上の場合の何倍か。

考え方 月面上と地表上の現象の違いは，重力の比率（6対1）とどのような関係にあるだろうか。問 (b) は変位と時間の関係，問 (c) は速度と変位の関係を考える。●

■類題 **3.2** 基本問題 3.2 の (b) と (c) で，結果が重力加速度とどう関係しているのかを，落下運動の公式を使わずに，次元解析で調べよ。

■基本 **3.3** (張力)
(a) 質量 m の物体を1本のヒモでぶら下げる。ヒモの張力はどれだけか。

(b) この物体を，図のように2本の同じ長さのヒモでぶら下げる。角度 θ を変えると，ヒモの張力はどのように変わるか。1本のヒモでぶら下げる場合と比較して小さくなっているか，いないか。

考え方 つり合いの問題。ヒモの張力は，問 (b) では物体を斜め方向に引っ張る。その力を水平方向と垂直方向に分けて力のつり合いを調べる。2本のヒモで引っ張っているのだから，1本分の力は少なくて済むと思うかもしれないが，斜め方向に引っ張っているときは必ずしもそうではない。●

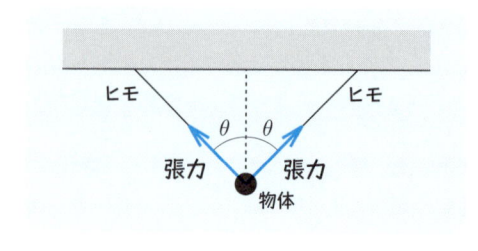

第 3 章　運動方程式と力

答 基本 3.2　(a) 重力は $\frac{1}{6}$, つまり $mg' = \frac{1}{6}mg$ なのだから, $g' = \frac{1}{6}g$. $g \fallingdotseq 10\,\mathrm{m/s^2}$ より

$$g' \fallingdotseq (10 \div 6)\,\mathrm{m/s^2} \fallingdotseq 1.7\,\mathrm{m/s^2}$$

となる (g' とは, 月面上での重力加速度である).

(b)　$F = ma$ から, 落下の加速度 a は, 地球上では g, 月面上では g' になることがわかる. 初速度がゼロのときの, 変位と時間の関係は (地表上では), Δx (落下距離) $= \frac{1}{2}gt^2$ なので式 (2.3a), $\Delta x = 1\,\mathrm{m}$ のときのかかる時間を $t_\text{地}$ とすれば

$$t_\text{地} = \sqrt{\frac{2\Delta x}{g}}$$

月面上では g を g' にする. したがって, かかる時間の比率は

$$\frac{t_\text{月}}{t_\text{地}} = \sqrt{\frac{g}{g'}} \fallingdotseq \sqrt{6} \fallingdotseq 2.4$$

つまり月面上のほうが 2.4 倍, ゆっくり落下する (重力加速度の平方根に反比例). この答えは, 落下距離が何メートルであっても変わらない.

(c)　等加速度運動での位置と速度の関係式 (2.4) を使う. 投げ上げた位置をゼロ, 最高点の高さを x, 投げ上げたときの速度を v, そして最高点での速度をゼロとすれば

$$0 - v^2 = g(x - 0) \quad \rightarrow \quad x = \frac{v^2}{g}$$

初速度 v が同じならば, 上昇距離 x は重力加速度に反比例する. つまり月面上でのほうが約 6 倍, 上昇する.

答 基本 3.3　(a) 重力と張力がつり合っているので, 張力 $= mg$.

(b) このときの張力を T としよう. 垂直方向の力は $T\cos\theta$ なので, つり合いの式は

$$2T\cos\theta = mg \quad \rightarrow \quad T = \frac{mg}{2\cos\theta}$$

$\theta = \frac{\pi}{3}$ (60°) のときに 1 本のときと同じ張力になり, $\theta = \frac{\pi}{2}$ (90°) に近付くと無限大の張力が必要になる. つまり斜め方向に引っ張ってぶら下げるのは効率が悪い (しかし利点もある. 1 本でぶら下げた場合には前後左右にぶらぶら揺れるが, 2 本でぶら下げると, 少なくともヒモが並ぶ方向には揺れないだろう. 3 本にすれば, どちらにも揺れなくなる).

基本 3.4 （垂直抗力）
水平な台の上に質量 M の物体1と，その上に質量 m の物体2が乗っている．物体間，および物体と台との間に働く垂直抗力の大きさを求めよ．

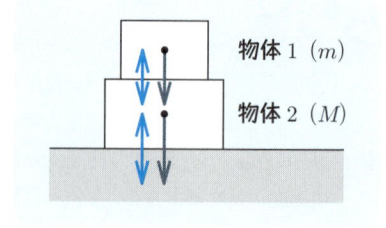

基本 3.5 （摩擦力＋引っ張る力）
ある物体が水平な台の上に乗っている．この物体にヒモを付け水平方向に引っ張る．何が起こるかを考えよう．ただしこの物体と台との間の静止摩擦係数を μ，動摩擦係数を μ'，物体の質量を m とする．

(a) 弱い力で引っ張っても物体は動かない．なぜか．

(b) 引っ張る力を少しずつ増やしていったら，ある時点で動き出した．このときの力の大きさはどれだけか．その力は，この物体を持ち上げる力よりも大きいか，小さいか．

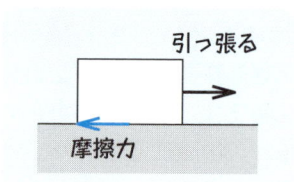

(c) 動き出してからも，動き出したときの力と同じ力で引っ張り続けた．この物体はどのような運動をするか．

(d) 動き出した物体の速度がある値 v_0 になった．この速度を維持するためには，どれだけの力でヒモを引っ張り続けなければならないか．それは問 (b) で求めた力よりも大きいか．小さいか．

考え方 物体に働く力は，図の右方向に働く「引っ張る力」と，左方向に働く摩擦力（静止摩擦力または動摩擦力）である．その合力がどうなっているか，あるいはどうなるべきかを，それぞれのケースで考える．

類題 3.3
静止摩擦係数が動摩擦係数よりも小さかったらおかしなことになることを説明せよ．

第 3 章　運動方程式と力　　　　　　　　　　　　　　71

答 基本 3.4　上から考えよう．
物体 1 について：下向きに重力 mg が働く．したがって，それとつり合わせるために，物体 2 から上向きの垂直抗力 mg を受ける．
物体 2 について：この垂直抗力の反作用として，物体 1 から下向きの，大きさ mg の垂直抗力を受ける．また下向きの重力 Mg も受ける．したがって，この 2 つとつり合わせるために，台から上向きの垂直抗力 $(M+m)g$ を受ける．

注　この垂直抗力の反作用として，台は物体 2 から下向きの垂直抗力 $(M+m)g$ を受けるが，台は 2 つの物体の重さを支えているのだから当然だろう．

答 基本 3.5　(a)　引っ張る力と同じだけの大きさの，逆向きの摩擦力が生じるから（物体はまだ静止しているので，この摩擦力は静止摩擦力と呼ばれる）．
(b)　静止摩擦力には限度があるので（最大静止摩擦力），それ以上の力で引っ張れば動き出す．つまり

$$最小限必要な力 = 最大静止摩擦力 = \mu \times 垂直抗力$$

垂直抗力は基本問題 3.4 の答えより mg なので

$$最小限必要な力 = \mu mg$$

通常は $\mu < 1$ なので，その限りではこれは物体の重さ mg よりも小さい．
(c)　動き出した後に働く摩擦力（動摩擦力）は，最大静止摩擦力よりは小さい（$\mu > \mu'$）．したがって物体に働く水平方向の力は，右方向をプラスとすると

$$引っ張る力 - 動摩擦力 = \mu mg - \mu' mg = (\mu - \mu') mg$$

$\mu > \mu'$ なので合力はプラス，つまり右向きで一定である．したがって，この物体は，右向きの等加速度運動をする．
(d)　加速させないで一定の速度を維持させるためには，合力はゼロでなければならない．つまり動摩擦力と同じ大きさの力で引っ張ればよく

$$必要な引っ張る力 = 動摩擦力 = \mu' mg$$

つまり問 (b) と比べて，引っ張る力は弱めなければならない．動摩擦力は物体の速さに依存しないので，この答えは v_0 の大きさによらないことに注意．

第3章　運動方程式と力

基本 3.6　(摩擦力による減速)　物体を水平面上で滑らす．力を加えなければ，摩擦力によってこの物体は自然に止まるだろう．テーブルの上だったらすぐに止まる．しかしたとえば氷の上だったら，かなり遠くまで滑るだろう．たとえば氷の上でアイスホッケーのパックのようなものが滑る場合，動摩擦係数は $\mu' = 0.05$ 程度である．この場合，初速度を 5 m/s とすると，物体は何秒くらいかけて，どのくらいの距離を滑るだろうか (計算前に，まず答えを予測してみよう．数メートルということはないだろう．しかし 100 m も滑るとも思えない)．

考え方　一定の動摩擦力を受けながらの運動だから，一定の加速度で減速する等加速度運動の問題になる．摩擦力は等加速度運動の問題になることが多い．

基本 3.7　(斜面の静止摩擦力)
角度 θ の斜面の上に質量 m の物体が乗って静止している．
(a)　物体に働く重力の大きさはどれだけか．
(b)　物体と台の間に働く垂直抗力の大きさはどれだけか．
(c)　物体に働く静止摩擦力の大きさはどれだけか．
(d)　この物体が斜面を落ち始めない条件は何か．

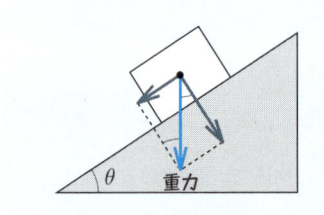

■ コラム ─────────────────────

摩擦力の問題で登場する力は，摩擦力だけの場合 (例：基本問題 3.6) の他に，次の 2 つの力のいずれか，またはその両方が関係することが多い．
1. 物体を直接引っ張る力 (あるいは押す力) …例：基本問題 3.5
2. 重力 (物体を置いてある面が水平な場合には重力は物体を動かす方向には働かないが，面が傾いている場合は，重力は物体を下に滑らそうとする) …例：基本問題 3.7

第 3 章　運動方程式と力　　　　　　　　　　　　　　　73

答 基本 3.6　まず等加速度運動の公式を確認しておこう．加速度の絶対値を a，初速度を v_0 とすれば，停止するまでの距離に関しては，式 (2.4) より

$$\text{移動距離} = |x - x_0| = \frac{v_0^2}{2a}$$

また速度 v_0 がゼロになるまでの時間は，時間と速度の関係は式 (2.3b) より，

$$\text{止まるまでの時間}: \quad t = \frac{v_0}{a}$$

したがって，計算をするにはまず，加速度 a を知る必要がある．

$$a = \frac{\text{動摩擦力}}{\text{質量}} = \frac{\mu' m g}{m} = \mu' g \fallingdotseq 0.05 \times 10 \text{ m/s}^2 = 0.5 \text{ m/s}^2$$

重力加速度 g よりかなり小さい（μ' が小さいので）．つまり，かなりゆっくりと減速する．これを使えば

$$\text{止まるまでの時間} = \frac{v_0}{a} = \frac{5}{0.5} \text{ s} = 10 \text{ s}$$

$$\text{移動距離} = \frac{(5 \text{ m/s})^2}{2 \times 0.5 \text{ m/s}^2} = 25 \text{ m}$$

距離は初速度の 2 乗に比例するので，たとえば初速度が 2 倍になれば答えは大きく変わって 100 m になる．

注　答えは物体の質量 m に関係しない．質量が大きければ摩擦力は大きくなるが，慣性も強くなるので減速しにくくなるからである．重力と同じである．

答 基本 3.7　(a)　物体をどこに置いても重力は変わらない．重力 $= mg$．
(b)　垂直抗力も静止摩擦力も，つり合いの条件から決まる．垂直抗力の場合は，斜面に垂直な方向の（重力との）つり合いである．

$$\text{垂直抗力} = \text{重力の斜面に垂直方向の成分} = mg\cos\theta$$

(c)　静止摩擦力は，斜面に平行な方向の（重力との）つり合いから決まる．

$$\text{静止摩擦力} = \text{重力の斜面方向の成分} = mg\sin\theta$$

(d)　静止摩擦力 $\leqq$ 最大静止摩擦力 だから，滑らない条件は

$$\text{静止摩擦力}\,(mg\sin\theta) < \mu \times \text{垂直抗力} = \mu mg\cos\theta$$
$$\rightarrow \quad \sin\theta < \mu\cos\theta \quad \rightarrow \quad \underline{\tan\theta < \mu}$$

（当り前のことだが，角度が大きくなると滑りだす）．

類題 3.4
傾き一定の斜面上を物体が滑っている．最初は上向きに滑っていたが，減速して停止し，その後，下向きに滑りだした．
(a) 上りも下りも等加速度運動である理由を述べよ．
(b) 上りと下りとで加速度は同じか，異なるか．

類題 3.5
(a) 同じ物体を2つ付けて並べて置く．1つの場合と比べて台との接触面積は2倍になるが，最大静止摩擦力は何倍になるか．
(b) 直方体の物体を下から半分の所で切って横に並べて置く．台との接触面積は2倍になるが，最大静止摩擦力は何倍になるか．
(c) 摩擦力の公式 (3.4) と (3.5) を，圧力（= 垂直抗力 ÷ 接触面積）を使って書き換えよ．それを使って上の問 (a) と (b) を考えよ．

基本 3.8 （水圧）
(a) 右の図は，直方体の物体にヒモを付けて，水中にぶら下げている状況を表している．6つの矢印はこの物体に働いている力を表しているが，それぞれ何の力かを述べよ．
(b) この物体が静止しているとした場合，力のつり合いの式を，$F_1, F_2, \ldots$ などの記号を使って表せ．ただし，たとえば F_1 という記号は力 F_1 の大きさを表し，力が図の矢印と逆方向の場合はマイナスであるとする．
(c) つり合いの式が実際に成り立っているかを論ぜよ．ただし，各水深での水圧は，それより上にある水を支えるだけの大きさであるということを使って考える．成り立つ場合も，成り立たない場合もある．
(d) 以上の議論から，物体が水に浮くか沈むかは何によって決まるのかを考えよ．

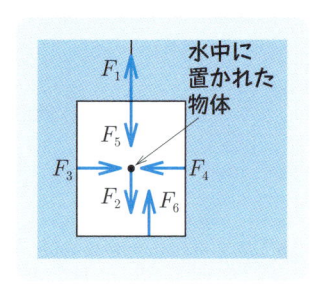

類題 3.6
上問で，物体の場所が水中ではなく空気中だったら，議論はどう変わるかを考えよ．

第 3 章　運動方程式と力　　　　　　　　　　　　　　　**75**

答 基本 3.8　(a) F_1：ヒモが物体を引っ張る張力．F_2：物体に働く重力．$F_3 \sim F_6$：物体（直方体）のそれぞれの面に働く水の力．水圧とは単位面積当たりの力だから，水圧に各面の面積を掛けたものが，それぞれの力である．ただし，同じ面でも場所によって水圧が違う場合（つまり側面）は，単純な掛け算ではなく積分計算をしなければならない．

(b) 水平方向の力のつり合いと，垂直方向の力のつり合いを分けて考える．

$$\text{水平方向：} \quad F_3 - F_4 = 0$$

$$\text{垂直方向（上方向をプラスとして式を書くと）：}$$

$$F_1 - F_2 - F_5 + F_6 = 0$$

(c) 水平方向：左右対称なのだから，左からの圧力と右からの圧力がつり合っているのは当然だろう．側面は場所によって水深が違うので水圧も変化するが，それぞれの水深で，左右からの水圧がつり合う．

垂直方向：深い場所ほど水圧は大きい（理解度のチェック 3.13）．したがって，上面と下面の水圧（F_5 と F_6）はつり合っておらず，F_6 のほうが大きい．つまり水圧だけでは合力は上向きになる（物体を浮かせようという力なので，これを**浮力**という）．しかし重力 F_2 は物体を沈めようとする．結局，重力 F_2 と浮力 $F_6 - F_5$ の大小関係で，（ヒモがないときに）物体が浮くか沈むかが決まる．

物体が静止しているとすれば，重力と浮力の差をヒモの張力 F_1 で補うことになる．つまり

$$\text{張力}\,(F_1) = \text{重力}\,(F_2) - \text{浮力}\,(F_6 - F_5)$$

しかし張力はマイナスにはなりえない（棒やバネならば可能だが，ヒモは力を加えるとたるんでしまう）．したがって，浮力 ＞ 重力 のときはつり合いの式は成り立たない（物体は浮き上がってしまう）．

(d) 浮力の大きさを考えよう．水圧とはそれより上の水を支える力だが，下面と上面で支える量は，ちょうど物体の体積分だけ違う（下面での水圧は物体があってもなくても変わらないはずなので（水圧は水深だけで決まる），物体がない状況で考えればよい）．その体積分の水に働く重力は，その体積分の水の質量を $M_水$ とすれば，$M_水 g$ である．また物体の質量を $M_物$ とすれば，物体に働く重力は $M_物 g$ である．つまり力の大小関係は，（同じ体積で比較したときの）物体と水の質量の大小関係で決まり，それによって沈むか否かも決まる．

応用問題 ※類題の解答は巻末

応用 3.1（ヒモを動かすと）物体をヒモに付け，手でぶら下げる．物体の質量は m とし，ヒモの質量は無視できるとする．

(a) 手を動かしていないときのヒモの張力を求めよ．
(b) 手を一定の速度 v で持ち上げたとき，張力はどうなるか．
(c) 手を加速度 a で持ち上げたとき（上向きをプラスとして，$a > 0$），ヒモの張力はどうなるか．
(d) 手を加速度 a（< 0）で下げると何が起こるか．

考え方 ヒモが止まっている場合は力のつりあいの問題である（基本問題 3.5）．しかし動いている場合 (c) は，運動方程式で考えなければならない．(d) は，何が起こるかまずイメージしてみよう．手をゆっくり下げた場合と，急に下げた場合とで何かが違うのは想像できるだろう．式を見ると，何が違うのかがわかってくるはず．

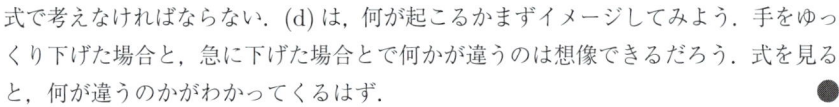

類題 3.7 (a) 上問で，ヒモの質量が無視できない場合を考える（物体の質量を m，ヒモの質量を m' とする）．まず全体が静止しているとしよう．手がヒモを引っ張る力（つまりヒモの上端での張力，T_1 とする）と，ヒモが物体を引っ張る力（ヒモの下端での張力，T_2 とする）は異なる．どれだけ違うか．

考え方 ヒモに対するつり合いの式と，物体に対するつり合いの式を考える．

(b) 手を加速度 a で持ち上げたとき，T_1 と T_2 はどう変わるか．

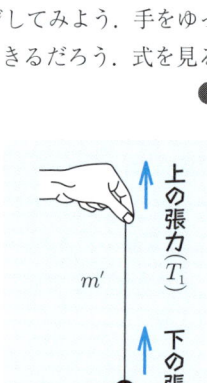

第 3 章　運動方程式と力　　　　　　　　　　　　　　　　　　　　**77**

答 応用 3.1　(a)　物体に働く力（重力と張力）のつり合いの問題である．基本問題 3.3 より，張力は上向きで mg に等しい（以下，すべて上向きをプラスとする）．
(b)　等速運動なので，力はやはりつり合っていなければならない．つまり 張力 $= mg$．
(c)　運動方程式は

$$物体の質量 \times 物体の加速度$$
$$= 物体に働く重力（下向き）$$
$$+ ヒモの張力（ヒモが物体を引っ張り上げる力） \quad (*)$$

つまり

$$ma = -mg + 張力 \quad \rightarrow \quad 張力 = ma + mg > mg$$

つまり，上に加速させる分 (ma) だけ，(a) や (b) よりも大きい力で引っ張らなければならない．
(d)　運動方程式自体は問 (c) と変わらないので

$$張力 = ma + mg \quad (**)$$

である．しかし $a < 0$ だと，何か新たなことが起こらないだろうか．実際，手を急速に下ろすと，ヒモはたるんで，手は物体よりも下にきてしまう．このような状況では運動方程式 (*) は成り立たない．

　成り立たなくなる変わり目は，張力が 0 になる場合である．a がマイナスで絶対値が g 以上だと式 (**) はマイナスになるが，張力というものはマイナスにはなりえない．つまりヒモが物体を押すことはない（ヒモではなく棒ならば押すことは可能だが）．つまり答えがマイナスになる場合，実際に張力がマイナスになっているのではなく，ヒモがたるんでしまうケースに相当すると推定できる．つまり，$a \geqq -g$ ならば式 (**) は正しい．しかし $a < -g$ ならばヒモはたるんでしまって物体に力を与えない（張力はゼロ，物体は加速度 $-g$ で落下する），というのが答えになる．

応用 3.2 (斜めに引っ張ってみよう) 基本問題 3.5 では，物体を素直に水平方向に引っ張って動かした．しかし物体にヒモを付けて引っ張る場合，物体の高さが低ければ，むしろ斜め上方向に引っ張るほうが，姿勢としては楽だろう．しかし物体は水平方向に滑らせたいのだから，斜め上に引っ張るのは利口ではないと言う人もいるかもしれないが，必ずしもそうではない．斜め上に引っ張った方が，かえって簡単に動かせることもある．実際に計算をしてそのことを確かめよう．

(a) 物体（質量 m）を，角度 θ の斜め上向きに，大きさ F の力で引っ張る（図参照）．物体と床との間に働く垂直抗力はどうなるか．

(b) このとき，力 F をどれだけの大きさにすれば動き出すか，角度 θ の関数として求めよ．ただし，物体は十分に重いので持ち上がることはないとする．

(c) 動かすのに必要な最小限の力が最も小さくなる角度 θ を求めよ．

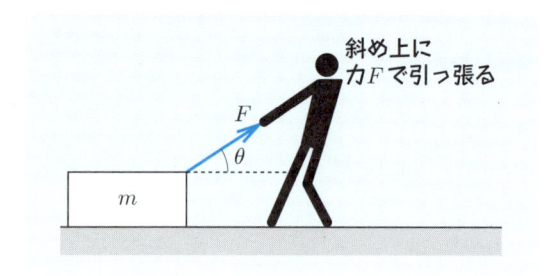

考え方 斜め方向に引っ張ることにどのような意味があるか説明しよう．斜め方向に引っ張る力は，この物体を滑らそうとするばかりでなく，上に持ち上げようとする効果をもつ．実際に持ち上がらないとしても，物体が床に及ぼす力は減るので垂直抗力が減り，物体は滑りやすくなる．つまり斜め上に引っ張るのには二重の意味があるのだ．もちろん，真上に引っ張ったのでは，物体は滑らない．つまり斜め上方向と言っても程度が問題である．どの角度で引っ張るのが一番賢いだろうか．計算は自分でできなくでも，答えを知っていて損はない．

類題 3.8 上問 (c) で求めた角度での必要最小限の力は次の式で表されることを確かめよ．
$$F = \frac{\mu mg}{\sqrt{1+\mu^2}}$$

第3章 運動方程式と力

答 応用 3.2 (a) 垂直抗力の大きさは，いつもそうだが，接触面に垂直な方向の力のつり合いから決まる．物体に働く垂直方向の力は，①接触面から物体に対して働く上向きの垂直抗力（N とする），②物体に働く重力，③ヒモが引っ張る力 F の垂直成分，の3つである．これらがつり合っているという式は，上向きをプラスにして書けば

$$N - mg + F\sin\theta = 0 \quad \to \quad N = mg - F\sin\theta \qquad (*)$$

$F\sin\theta$ だけ，垂直抗力が減っていることに注意．

(b) 次に，水平方向の動きを考えるのだから，力も水平方向の力を考えよう．それは摩擦力と，引っ張る力の水平成分（$= F\cos\theta$）である．後者が最大静止摩擦力 μN よりも大きいと，つり合いが取れなくなって動き出す．つまり滑らすのに最低限必要な力 F は，式 (*) も使うと

$$F\cos\theta = \mu N = \mu\,(mg - -F\sin\theta)$$

F に関する項を左辺に集めると

$$F(\cos\theta + \mu\sin\theta) = \mu mg \quad \to \quad F = \frac{\mu mg}{\cos\theta + \mu\sin\theta} \qquad (**)$$

(c) 式 (**) の F が最も小さくなる角度 θ を求めよう．それは F の微分 $\frac{dF}{d\theta}$ がゼロになる θ である．これは分数の微分公式 ($\frac{d(\frac{1}{y})}{dx} = -\frac{1}{y^2}\frac{dy}{dx}$) を知っていると難しくない．つまり

$$\frac{dF}{d\theta} = -\frac{\mu mg}{(\cos\theta + \mu\sin\theta)^2}(-\sin\theta + \mu\cos\theta)$$

であり，これをゼロにするには分子がゼロ，つまり

$$-\sin\theta + \mu\cos\theta = 0 \quad \to \quad \tan\theta = \mu$$

であればよい．この式を満たす θ が答えになる．$\mu < 1$ であるケースがほとんどなので，$\theta < 45°$ になる．摩擦係数が大きいほど（1に近いほど），角度は大きいほうがいいことがわかる．摩擦力を減らすために当然のことである．たとえば典型的な値 $\mu = 0.5$ だったら，$\theta \fallingdotseq 27°$ になる（類題からわかるように，水平方向に引っ張る場合よりも $\frac{1}{\sqrt{1+\mu^2}}$ だけ小さな力ですむ）．

|応用|**3.3** (斜面を登った物体の運命) 初速度 v_0 で,質量 m の物体を押して,角度 θ の斜面を上向きに滑らす.斜面との摩擦係数を μ および μ' とする.最初に力を加えて動かし始めた後は,力を加えない.この物体はその後,どのような運動をするかを考えよう.

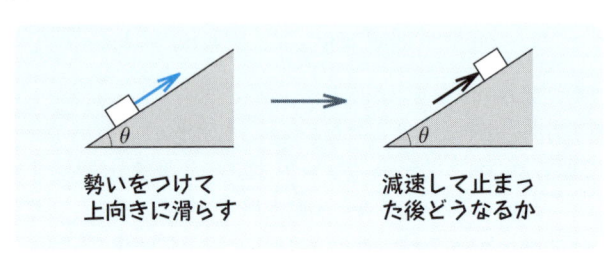

勢いをつけて上向きに滑らす → 減速して止まった後どうなるか

(a) 最初は減速するだろう.どの角度のときに最も速く減速するか(傾きが大きいほど減速が速いと早とちりしてはいけない.角度が大きいと摩擦力は小さくなる).
(b) 減速の結果,いったん停止するだろう.その後,止まったままだろうか,滑り落ち始めるだろうか(角度が大きいときと小さいときとでは物体の振る舞いは異なる).
(c) 止まったままの場合,揺らすとどうなるか.

考え方 物体がどのように運動するか,頭の中でイメージしてみよう.滑り始めた物体は斜面を上がっていくが,重力によっても動摩擦力によっても減速される.角度が大きければ重力はきくが摩擦力はあまりきかない.逆だったら摩擦力がきく.いずれにしろどこかで止まるだろう.止まったまま終わり,という可能性と,逆に滑り落ち始めるという可能性がある.再び動き始めるかどうかは最大静止摩擦力の問題になる.また,止まっていても,揺らすと滑り始める可能性もある. ●

|類題|**3.9** 上問 (b) で,滑り落ちる場合,加速度は常に下向きであることを示せ(つまり,いったん滑り落ち始めたら,斜面が続く限り減速することはない).

第 3 章 運動方程式と力

答 応用 3.3 (a) 摩擦力の大きさが必要だが，それを求めるには垂直抗力が必要である．この手順はすでに何回か登場した（基本問題 3.7 参照）．まず斜面に垂直方向のつり合いを使って垂直抗力を求める．

斜面に垂直方向のつり合い：
$$\text{重力のその方向の力} + \text{垂直抗力} = 0$$
$$\rightarrow \quad \text{垂直抗力の大きさ} = mg\cos\theta$$

これを使って摩擦力を求める．

斜面方向の合力：
$$\text{重力の斜面方向の成分（下向き）} + \text{動摩擦力（下向き）}$$
$$= mg\sin\theta + \mu' mg\cos\theta = mg(\sin\theta + \mu'\cos\theta)$$
$$\rightarrow \quad \text{加速度} = \frac{\text{力}}{\text{質量}} = g(\sin\theta + \mu'\cos\theta)$$

この大きさの加速度で，減速する．角度が大きければ第 1 項（重力の効果）は大きくなるが第 2 項（摩擦力）は減る．減速が最大になる角度（つまり最も早く停止する角度）は，加速度を θ で微分してゼロとすれば得られる（応用問題 3.2 でも同じような計算をした）．

$$\cos\theta - \mu'\sin\theta = 0 \quad \rightarrow \quad \tan\theta = \frac{1}{\mu'}$$

摩擦のないとき（$\mu' = 0$ のとき）は $\theta = 90°$ になるはずだが（垂直に上るケース），この式でもそうなることを確認しておこう（$\tan 90° = \infty$ である）．

(b) 止まった後，滑り落ちるだろうか．下に引っ張る力よりも最大静止摩擦力のほうが大きければ止まったままである．この計算はすでに基本問題 3.7 で行っており，$\tan\theta > \mu$ ならば滑り始める．μ は静止摩擦係数である．正確に $\tan\theta = \mu$ だったらどうなるかはわからないが，下の (c) を考えると，現実には滑り落ちると想像される．

(c) 何かの振動でこの物体が少しでも動くと，摩擦力は静止摩擦力から動摩擦力に変わる．そして動摩擦力は最大静止摩擦力よりも小さい．動摩擦力のときの滑り落ちるための条件は，動摩擦係数を使って $\tan\theta > \mu'$ となる（計算式は (b) の場合，つまり基本問題 3.7 と同じ）．つまり，もし $\mu > \tan\theta > \mu'$ だったら，最初は止まるが，揺らすと滑り始める．

第3章　運動方程式と力

応用 3.4　（助け合い？）　A君が荷物をぶら下げていた．B君はそれを見て，横から手を出して助けようと思った．しかし基本問題 3.3 でも調べたように，斜め方向から引っ張るというのは効率が悪い．A君にとって有難迷惑かもしれない．本当に助けになるのか，計算してみよう．

(a)　物体の質量を m とし，それを両方から斜め方向に，それぞれ F_1, F_2 の力で引っ張っているとする．角度が図のようになっているときに，F_1 と F_2 を求めよ（下の図を参考にして，つり合いの式を考えよ）．

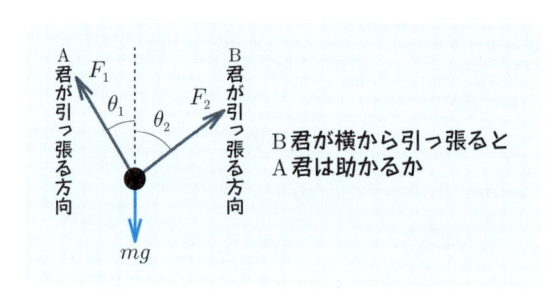

A君が引っ張る方向　F_1　θ_1　θ_2　F_2　B君が引っ張る方向
B君が横から引っ張るとA君は助かるか
mg

(b)　角度が大きくなると，A君にとってかえって有難迷惑かもしれない．具体的にはどういう場合にそうなるか（1人でもつ場合以上の力が必要となるという式を調べよ）．

(c)　B君が引っ張る方向（θ_2）が決まっているとき，A君ができるだけ楽ができるためには，θ_1 をどうしたらよいか．

(d)　どちらが余計に力を出しているかは何によって決まるか．

(e)　B君は，A君にできるだけ楽をさせたいが，A君よりも余計に苦労するほどのことはしたくないとする．つまり $F_1 \geqq F_2$ であってほしい．θ_2 が決まっているとき，θ_1 はどうすべきか．

類題 3.10　上問で2人の力の合計を最小にするにはどうすればよいか．もちろん2人とも真っすぐにもてば（$\theta_1 = \theta_2 = 0$）力は最小になるが，2人がぶつかっては困る．そこで，角度の和 $\theta_1 + \theta_2$ は，ある最小値に保つという条件で調べよ．

第3章 運動方程式と力

答 応用 3.4 (a)

水平方向のつり合い： $F_1 \sin\theta_1 = F_2 \sin\theta_2$

垂直方向のつり合い： $F_1 \cos\theta_1 + F_2 \cos\theta_2 = mg$

$F_2 = \frac{\sin\theta_1}{\sin\theta_2} F_1$ として第 2 式に代入して整理すると

$$F_1(\cos\theta_1 \sin\theta_2 + \cos\theta_2 \sin\theta_1) = mg \sin\theta_2$$

左辺の括弧の中は $\sin(\theta_1 + \theta_2)$ なので

$$F_1 = \frac{mg \sin\theta_2}{\sin(\theta_1+\theta_2)} \qquad (*)$$

同様にして

$$F_2 = \frac{mg \sin\theta_1}{\sin(\theta_1+\theta_2)}$$

(b) A 君が 1 人でもつ場合は $F_1 = mg$ である．これが上式の F_1 に等しいという条件は，$\sin\theta_2 = \sin(\theta_1+\theta_2)$ である．$\sin\theta = \sin(\pi-\theta)$ なので（図参照），この式は $\sin(\pi-\theta_2) = \sin(\theta_1+\theta_2)$, つまり

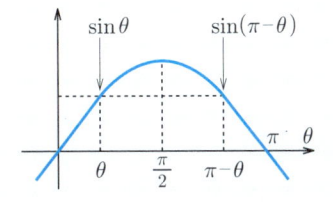

$$\pi - \theta_2 = \theta_1 + \theta_2 \quad \rightarrow \quad \theta_1 + 2\theta_2 = \pi$$

を意味する．これよりも角度が大きくなると A 君はつらくなる．つまり迷惑になるのは

$$\theta_1 + 2\theta_2 > \pi$$

(c) θ_2 が決まっているのならば，F_1 の分母の $\sin(\theta_1+\theta_2)$ を最大（つまり 1）にすれば式 $(*)$ が最小になる．つまり

$$\theta_1 + \theta_2 = \frac{\pi}{2}$$

とすればよい．

(d) F_1 と F_2 の大小は $\sin\theta_2$ と $\sin\theta_1$ の大小で決まり，それは θ_2 と θ_1 の大小で決まる．つまり角度が小さいほうが，より大きな力を出していることになる（$\theta_1 < \theta_2$ ならば $F_1 > F_2$）．角度が小さいほうが，物体が自分に近いのだから，出すべき力が大きくなるのは当然である．

(e) $\theta_2 \geqq \frac{\pi}{4}$ ならば，問 (c) より $\theta_1 = \frac{\pi}{2}-\theta_2$ とすればよい（$\theta_1 \leqq \theta_2$ になり，$F_1 \geqq F_2$ だから）．$\theta_2 < \frac{\pi}{4}$ のときは，$\theta_1 + \theta_2$ を $\frac{\pi}{2}$ に近付けたくても，θ_1 は θ_2 が限度なので $\frac{\pi}{2}$ にはなれない．限度である $\theta_1 = \theta_2$ にしたときに F_1 が最小になる．

応用 3.5 （空気を支える） つり合いの問題を考えるとき，大気圧はあたかも存在しないかのように無視してきた．それでいいのだろうか．物体がヒモにぶら下がっている場合は，基本問題 3.8 とその下の類題 3.6 で答えた．大気圧は上からばかりでなく下からもかかるので，（ほぼ）打ち消し合ってしまって，通常は問題にならない．しかし台の上に乗っている物体のような場合はどうなるだろうか．

(a) 地表上の大気圧はほぼ 1 気圧である．これをほぼ 10 万 Pa（57 ページ参照）だとして，地上の面積 $1\,\mathrm{m}^2$ の面はどれだけの力を受けていることになるかを計算せよ．

(b) この力はどれだけの質量の物体を支えることに相当するか．

(c) 台の上に直方体の物体を置く．上面は 10 cm 四方の正方形だとする．気圧によって，この物体は上面でどれだけの力を受けるか．

(d) 物体が静止しているとしたら，物体は，この力とつり合う上向きの力を受けているはずである．その力は何だろうか．物体と台がどのように接触しているかを考えよ．

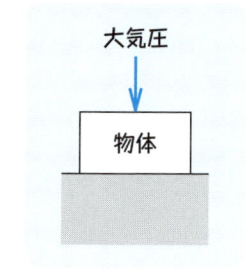

類題 3.11 台の表面が受ける力は，その上に物体が乗っているかいないかによってどう変わるか．大気圧も含めて考えよ．台はそれに耐えられるのか．

類題 3.12 10^5 Pa（約 1 気圧），25°C の空気は，1 モルで，体積 24.8 L，質量約 29 g である．大気圧が上空まで 10^5 Pa のままだとすると，大気の厚さはどの程度になるか．

第3章 運動方程式と力

答 応用 3.5 (a) 力 = 圧力 × 面積 = 10^5 Pa × $1 \, \text{m}^2$ = 10^5 N
(b) 質量 m の物体に働く重力は mg であり，$g \fallingdotseq 10 \, \text{m/s}^2$ なので，この力は，約 10^4 kg の物体を支えるための力に等しい．
(c) 面積は $0.01 \, \text{m}^2$ になるので，力 = 10^5 Pa × $0.01 \, \text{m}^2$ = 1000 N
(d) これは物体と台の接触面がどうなっているかによって変わる．通常の物体と台の間は，完全に密着しているわけではなく，その間にも空気が入り込んでいる．気圧はすべての方向に働くので，入り込んだ空気はこの物体を下から押し上げる．気圧は物体の上下でほとんど変わりはないので（高さ数百メートルといった巨大な物体でない限り），上下からの気圧による力は打ち消し合う．したがって，気圧を考えないときの，重力と垂直抗力のつり合いの通常の議論には影響しない．

しかし，もし接触面が完全に密着しており，大気がまったく入り込めない状態になっていたら事情は変わる（たとえば 2 枚の透明な板ガラスをくっつけた場合など）．物体の下からの気圧はなくなるので，物体に働く上向きの力は，台からの垂直抗力だけになる．それが，この物体に働く重力と，問 (d) で計算した大気による力の合計とつり合わなければならないので，極めて大きい．

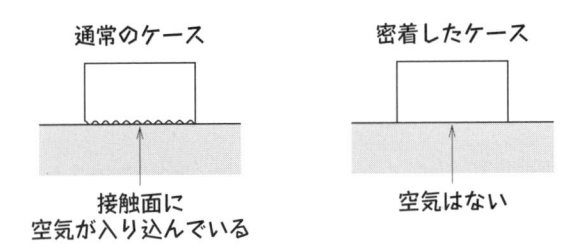

通常のケース　　　密着したケース

接触面に空気が入り込んでいる　　　空気はない

注 1 空気が入り込んでいる通常の場合でも，分子レベルで接触している部分だけは気圧はかからないので，その影響は残る可能性がある．●

注 2 密着している物体を台から引き離すには，(離れるまでは下からの気圧はないので) 上からの気圧と重力に見合うだけの力で引っ張らなければならない．これは問 (c) で計算したように，極めて大きな力になる．大気圧の助けを借りずに大気圧に対抗するのは大変である．また，密着している場合には，台と物体の間の垂直抗力は膨大になるので，摩擦力も膨大になる．●

第4章 等速円運動

ポイント

I. 等速円運動の速さ・角速度・周期

- **等速円運動** 一定の速さ v で円周上を動く運動．
- **半径 r・角度 θ** 円の大きさは半径 r で，円上での物体の位置は，中心から見た物体の方向 θ によって表される．θ は，ある基準線からの角度である．
- **角速度 ω** 角度 θ の単位時間当たりの変化（変化率）を**角速度**といい，ω で表す．

$$\text{角速度：} \quad \omega = \frac{d\theta}{dt} \tag{4.1}$$

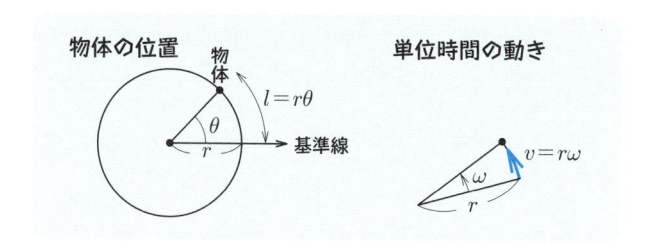

- **ラジアン** 1周の角度（360°）を 2π とする角度の測り方．θ をラジアンで測ると，θ と円弧の長さとの間の関係が簡単になる．

$$\text{半径} \times \theta = \text{円弧の長さ} \quad \text{すなわち} \quad r\theta = l \tag{4.2}$$

（たとえば $\theta = 2\pi$ とすれば $l = 2\pi r$ となり円周に一致する）．

単位時間当たりの角度の変化が ω，位置の変化が v だから，式 (4.2) より

$$r\omega = v \tag{4.3}$$

- **速度・角速度・周期** 円を1周する時間を周期といい，通常，T で表す．1周は長さでは $2\pi r$，角度では 2π だから

$$T = \frac{2\pi r}{v} = \frac{2\pi}{\omega} \tag{4.4}$$

注 周期の T は time の頭文字だが，ヒモの張力（tension）もしばしば T と記すので混同しないように．同じ問題で両方の T を出すことはないが．

II. 等速円運動の加速度と向心力

● **等速円運動** 円運動をしている物体は，その速度の方向は常に変化している．したがって（仮に等速であっても）速度の変化率，つまり加速度はゼロではない．特に，等速円運動の場合，加速度の方向は<u>円の中心方向</u>になる．**向心加速度**という．

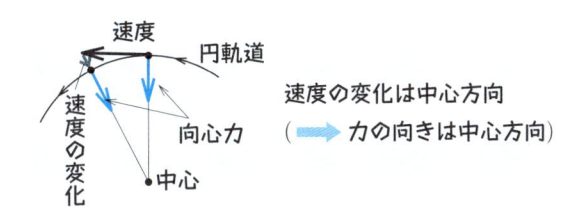

> 注 円運動とは，中心方向への絶えざる落下運動と言うこともできる．

● **等速円運動の加速度** 円運動の半径を r，速さを v とすると

$$\text{向心加速度の大きさ} = \text{速さの2乗} \div \text{半径} = \frac{v^2}{r} \tag{4.5}$$

（証明は『グラフィック講義 力学の基礎』などを参照）．式 (4.3) を使えば

$$\text{向心加速度の大きさ} = \text{角速度の2乗} \times \text{半径} = \omega^2 r \tag{4.6}$$

● **向心力** 物体を円運動させるために，その物体を中心方向に引っ張る力．つまり向心加速度をもたらす力．

$$\text{向心力} = \text{質量} \times \text{向心加速度} = m\omega^2 r \tag{4.7}$$

何の力が向心力になるかは，場合によって異なる．

III. 速さが変わる場合の円周上の運動

速さを変えながら円周上を回る運動，あるいは円周の一部を往復する運動（振り子など）．加速度は，円周方向の成分と，それに垂直な方向の成分をもつ．

円周方向の加速度
$$= \text{速さの変化率} = \frac{dv}{dt} \tag{4.8}$$

円周に垂直な方向の加速度
$$= \text{向心加速度} = \frac{v^2}{r} = \omega^2 r \tag{4.9}$$

注 円とは限らない曲線上の運動でも，加速度は各位置での接線方向の加速度（接線加速度，等速ならばゼロ）と，それに垂直な方向の加速度（向心加速度）に分けることができ，それぞれ上式と同じ形で表される．

IV. 慣性力・遠心力

● **慣性力** $ma = F$ という式は，静止している基準でも等速直線運動している基準でも（静止している人から見ても，等速直線運動している人から見ても）成り立つ．しかし加速している基準では運動方程式は

$$ma = F + (-ma_0) \tag{4.10}$$

という形になる．ここで，左辺の a はこの基準で見た物体の加速度，右辺の a_0 は基準自体の加速度である．この「$-ma_0$」を慣性力という．慣性力とは実際の力ではなく仮想上の力であり，基準の加速度とは逆方向を向く．

例：電車内に立っている人は，電車が急停止すると，何にも引っ張られていないのに，前方につんのめる．電車の外から見ると，これは人が慣性によって前方に進み続けようとする現象に過ぎないが，電車基準（電車が止まって見える基準）で考えるときは，電車の加速度（後ろ向き）とは逆方向の慣性力が前方向に働いたという解釈になる．

● **遠心力** 円運動の場合，円運動している物体（あるいは人）を基準に考えると，向心加速度とは逆方向の慣性力を考えなければならない．
これを特に**遠心力**という．

$$遠心力の大きさ = m\omega^2 r \tag{4.11}$$

ただし ω と r は基準となる円運動を表す量．
例：急速に曲がる自動車の中に乗っている人は，自動車基準で考えると，カーブの外側に押し出されるような感覚を受ける．これが遠心力である（自動車の外から見ると，これは，車内の人が直進しようとする現象に過ぎないが）．

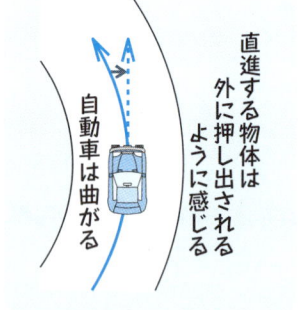

V. 万有引力と惑星の運動

● **万有引力** 物体の間には常に，それぞれの質量に比例した引力が働く．2つの物体の質量をそれぞれ m, M とし，その間の距離を r とすると，力の大きさは

$$万有引力の大きさ：\ G\frac{Mm}{r^2} \tag{4.12}$$

と書ける．ただし G は**重力定数**と呼ばれる定数で

$$G \fallingdotseq 6.67 \times 10^{-11} \text{ m}^3 \cdot \text{kg}^{-1} \cdot \text{s}^{-2}$$

である．

● **注** 球対称な物体（特に天体）の場合，そのすべての質量が球の中心にあるとして考える．したがって距離 r とは，その中心から測る．

● **重力加速度との関係** 質量 m の物体に地表上で働く重力は mg である．これと式 (4.12) を比べると，地球の半径を R，質量を M として

$$g = \frac{GM}{R^2} \tag{4.13}$$

となる．

● **ケプラーの法則** 地球を含む，太陽の周りを回るすべての惑星に適用される法則
 第 1 法則： 軌道は，太陽を焦点とする楕円である．
 第 2 法則： 太陽から見た**面積速度**は一定
 第 3 法則： 周期の 2 乗と，長半径の 3 乗の比は，惑星によらない一定の数になる（この数については応用問題 4.4 参照）．

● **注 1** 万有引力によって運動する他の物体についても，太陽や惑星という言葉を適切に入れ換えれば同じ法則が成立する（たとえば木星とその周りを回る衛星）．

● **注 2** 楕円とは，円をある方向に一定の割合で引き延ばした図形である．延ばした方向の半径を長半径，狭い方向の半径を短半径という．

● **注 3** 面積速度とは，太陽と惑星を結んだ線が，単位時間に描く図形の面積であり，$\frac{rv}{2} = \frac{r^2\omega}{2}$ という式で表される．惑星の運動は等速円運動ではないので r も v も変化するが，rv という積は一定だということである（面積速度の意味については第 7 章（基本問題 7.4）で詳しく解説する）．

ケプラーの第 2 法則
同じ日数で描く
面積は等しい
($S_1 = S_2$)
➡ 遠い所では遅く動く

惑星の軌道
遅い
速い S_1 S_2 太陽

理解度のチェック

理解 4.1 等速円運動について次の質問に答えよ．公式に頼らずに，それぞれの用語の意味を考えて答えを出してみよう．
(a) 速さが2倍になると周期はどうなるか（半径は変わらないとする）．
(b) 半径が2倍になると周期はどうなるか（速さは変わらないとする）．
(c) 半径が2倍になると角速度はどうなるか（速さは変わらないとする）．
(d) 速さを変えずに角速度を2倍にするには半径をどうすればよいか．
(e) 角速度が2倍になると周期はどうなるか．

理解 4.2 ある物体が一定の角速度 $\omega = \pi\,\mathrm{s}^{-1}$ で円運動している．1周するのにかかる時間，つまり周期はどれだけか．この物体の速さはわかるか．

理解 4.3 ヒモの先に重い物体を付けてぐるぐる回す．回す速さを少しずつ増やしていったら，図に描かれている瞬間にこのヒモが切れた．この物体はどちらの方向に飛んでいくか．

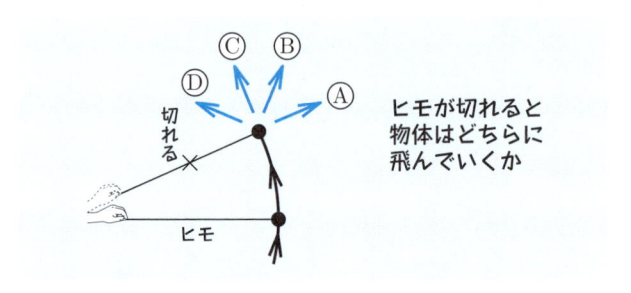

理解 4.4 上問の状況でヒモが切れたということは，ヒモは両側から，つまり物体と手から引っ張られていたことを意味する．そのことを考慮して，ヒモが切れる前に，物体にどのような力が働いているかを考えよ．それは物体の加速度とどのような関係にあるか．

第 4 章　等速円運動

答 理解 4.1　(a)　半径が変わらなければ円周は変わらない．そのときに速さが 2 倍になれば，1 周にかかる時間，つまり周期は<u>半分になる</u>．
(b)　半径が 2 倍になれば円周は 2 倍になる．そのときに速さが変わらなければ，1 周にかかる時間，つまり周期は<u>2 倍になる</u>．
(c)　円周が 2 倍になるので，同じ距離を進んでも，円周全体に対する割合は半分である．つまり中心から見た角度は半分しか進んでいない．したがって，角速度は半分になる．
(d)　問 (c) とは逆に，円周を半分にすれば（つまり半径を半分にすれば），同じ距離を進んでも，円周全体に対する割合は 2 倍になり，角速度は 2 倍になる．つまり<u>半径を半分にすればよい</u>．
(e)　角速度が 2 倍になれば，2π（360°）回転するのに半分の時間ですむ．つまり周期は<u>半分になる</u>．
　念のため，それぞれどのような式から計算できるかも示しておく．速さを v，周期を T，角速度を ω，半径を r とする．問 (a) と (b) は $T = \frac{2\pi r}{v}$，問 (c) と (d) は $v = \omega r$，問 (e) は $T = \frac{2\pi}{\omega}$．

答 理解 4.2　これも公式は頼らずに考えてみよう．1 周の角度はラジアンでは 2π なので，1 秒間に π だけ進む速さならば，1 周にかかる時間は<u>2 秒</u>である．式で書けば，$2\pi \div \pi\,\mathrm{s}^{-1} = 2\,\mathrm{s}$．しかし角速度がわかっても円の大きさ（半径）がわからなければ，どれだけの速さで動いているかはわからない（半径を r とすれば速さは ωr である）．

答 理解 4.3　C の方向．ヒモが切れて力が働かなくなったのだから，慣性の法則に従い，ヒモが切れた瞬間の速度のまま，接線方向に等速直線運動をする．

答 理解 4.4　ヒモは物体に引っ張られていたのだから，物体はその反作用で，ヒモに引っ張られていたことになる．ヒモの張力である．実際，物体は円運動（中心方向への加速度運動）をしていたのだから，中心方向（ヒモの方向）を向く力（向心力）を受けていたはずである．このケースではヒモの張力が向心力になる．

理解 4.5 自動車が円状に曲がった道路を走っている．円運動だから，その円の中心方向に力が働いているはずである（向心力）．その向心力は，実際には何の力だろうか．可能性として考えられる力をあげよ．

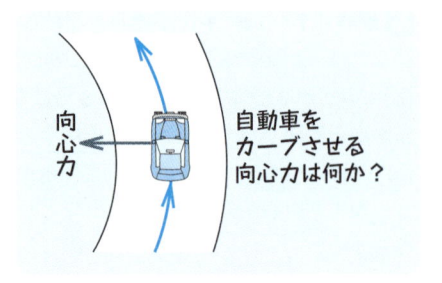

理解 4.6 (a)「地球は太陽の周りを回っている．つまり地球は太陽方向に力を受けていることになるが，この力は太陽が地球に及ぼす万有引力である．」この文は正しいか．
(b)「原子では中心の原子核の周りを電子が回っている．これは，電子が万有引力によって電子が原子核に引き付けられるからである．」この文は正しいか．
(c)「物体を台の上で滑らそうとすると，摩擦力によって妨げられる．この摩擦力は，物体と台との間の万有引力が原因である．」この文は正しいか．

理解 4.7「地表上に物体を置く．地球と物体の距離はゼロになるので，地球と物体の間に働く万有引力は無限大になる．」この文は正しいか．

理解 4.8 自動車がカーブを曲がると，乗っている人も一緒にカーブを曲がる（そうでなければ，その人は車からはじき出されてしまうだろう）．乗っている人はどのような向心力を受けて曲がるのか．この場合，遠心力とは何か．それはどのような働きをするか．

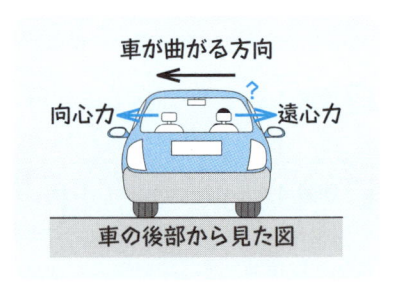

答 理解 4.5 路面が水平だったら，自動車が受ける垂直抗力は真上を向く．しかし路面がカーブの内側に傾いていれば，路面からの垂直抗力（路面に垂直）が，内側を向く成分をもつので，それが向心力になる．また，路面が傾いていなくても，ハンドルを切って前輪の方向を曲げると，タイヤと路面の接触面に，タイヤに垂直方向の摩擦力が生じる．それも向心力になる（基本問題 4.7 を参照）．

答 理解 4.6 (a) 正しい．月が地球の周りを回っているのも，地球が月に及ぼす万有引力の効果である．
(b) 正しくない．電子が原子核の周りを動くのは，電子と原子核の間の電気力の結果である（プラスとマイナスの電荷の引き付け合い）．電子と原子核の間にも万有引力が働いているが，その大きさは電気力に比べて圧倒的に小さい（万有引力は天体のような巨大な物体に対して重要な役割をもつ．天体全体ではプラスの電荷とマイナスの電荷が打ち消し合っており，電気力は大きくならない）．
(c) 正しくない．これも，原子間での電気力の結果である．

答 理解 4.7 正しくない．このケースでの万有引力の公式 (4.12) の距離は，物体と地球の中心との間の距離を意味し，ゼロではない．

答 理解 4.8 自動車が曲がるときの向心力は理解度のチェック 4.5 で考えた．乗っている人も同じように曲がるとしたら，やはり向心力を受けなければならない．それは，その人の身体と座席の接触面に働く摩擦力である．摩擦力がなければその人は直進して座席の横方向にずれようとするので，それを阻む方向に摩擦力が働く．これは，地上から見た説明であり，地面は加速度運動していないので，慣性力である遠心力は考える必要はない．

この現象を自動車基準（自動車と一緒に動く基準，つまり自動車が止まって見える基準）で考えると，この人は止まっている．この基準では（仮想上の力である）外向きの遠心力が登場するが，遠心力と，実際の力である内向きの摩擦力（向心力）がつり合うので，この人はこの基準では止まって見えることになる．

基本問題

基本 4.1（角速度の計算） (a) 地球が太陽の周りを回る運動（公転），地球の自転，月が地球の周りを回る運動，それぞれの角速度 ω を概算せよ．

考え方 それぞれの円運動の周期が何日かは，常識として知っているだろう（月は約 27 日で地球を 1 周する）．角速度は単位時間当たりの回転角だが，時間は日で考えればよい．地球が太陽の周りを 1 周するのに何秒かかるかをぱっと答えられる人はいないだろう．

(b) 速さが一番大きいのはどれか（推測で答えよ）．

基本 4.2（向心力の大きさ） 物体にヒモを付けて手でぐるぐる回すには，手で物体を引っ張らなければならない（理解度のチェック 4.4 を参照）．その力は，次の場合にどのように変わるか．
(a) 物体が動く速さを 2 倍にする（ヒモの長さを変えない）．
(b) 角速度を 2 倍にする（ヒモの長さは変えない）．
(c) 周期を半分にする（ヒモの長さは変えない）．
(d) 物体が動く円の半径を 2 倍にする（速さは変えない）．
(e) 物体が動く円の半径を 2 倍にする（角速度は変えない）．
(f) 速さも半径も変えずに，物体の質量を 2 倍にする．

考え方 公式に当てはめれば答えはわかる話だが，それぞれの場合に手が引っ張る力（あるいは手が物体に引っ張られる力）がどうなるか，感覚的に推定してみよう．下の図を参考にしよう．

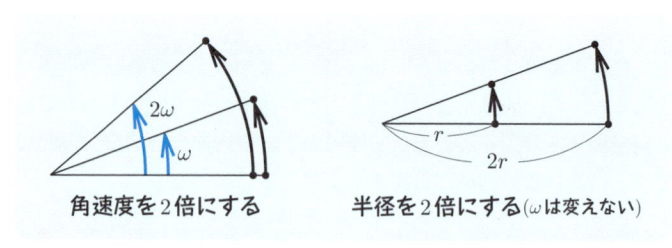

角速度を 2 倍にする　　　　半径を 2 倍にする（ω は変えない）

基本 4.3（次元解析） (a) 等速円運動の様子は，円の大きさ r と動く速さ v を決めれば決まる．したがってその加速度は r と v で表せるはずである．このことを使って，等速円運動の加速度が $\frac{v^2}{r}$ に比例することを示せ．

(b) 同様に加速度は角速度 ω と r でも表せるはずである．このことを使って等加速度運動の加速度が $\omega^2 r$ に比例することを示せ．

第4章　等速円運動

答 基本 4.1 (a) 1周は角度にして2π（ラジアン）だから，それを，かかった日数（周期）で割ればよい．

地球の公転：　周期は365日だから，角速度 $= \frac{2\pi}{365\text{日}} \fallingdotseq 0.017\,\text{日}^{-1}$

地球の自転：　周期は1日だから，角速度 $= \frac{2\pi}{1\text{日}} \fallingdotseq 6.28\,\text{日}^{-1}$

月の公転：　周期は27日だから，角速度 $= \frac{2\pi}{27\text{日}} \fallingdotseq 0.23\,\text{日}^{-1}$

(b)　1日に進む角度（ラジアン）に半径を掛ければ，1日に進む距離がわかる．問題では半径は与えていないので速さの計算はできないが，地球と月の距離に比べて太陽までの距離は圧倒的に大きい（約400倍）ことが推測できれば，地球の公転運動が（角速度は一番小さいが），速さが一番大きいと推定できる．

答 基本 4.2 まず，感覚的に推論をしてみよう．問 (a) から (c) はすべて，ヒモの長さを変えないまま速く回すということだから，力は増えるだろう．

次に，半径を2倍にするとどのような効果が生じるかを考えてみよう．半径が大きい円のほうが，円周の曲がりは少ない（直線に近い）．つまり等速直線運動に近いので，加速度は小さくなる．したがって問 (d) では必要な力も小さくなるだろう．しかし問 (e) は難しい．角速度を変えないままヒモを長くするのだから，物体は速く動くことになる．では力はどうなるか．これはあきらめて公式を見よう．問 (f) は考えるまでもないだろう．

公式で考えよう．$F = ma$ だから，質量mを変えないときは加速度aを考えればよい．(a) $\frac{v^2}{r}$ より4倍，(b) $\omega^2 r$ より4倍，(c) $T = \frac{2\pi r}{v}$ と問 (a) より4倍，(d) $\frac{v^2}{r}$ より半分，(e) $\omega^2 r$ より2倍，(f) $F = ma$ より2倍．

答 基本 4.3 (a)　rの次元は「長さ」，vの次元は「長さ $\div$ 時間」である．したがって，$r^a v^b$ という量の次元は

$$(長さ)^{a+b}(時間)^{-b}$$

になる．これが加速度の次元「長さ $\div$ (時間)^2」になるためには，$a+b=1$, $b=2$（つまり $a=-1$）でなければならない．

(b)　角速度ωの次元は「(時間)$^{-1}$」であることを考えれば，問 (a) と同様に計算できる．

第4章　等速円運動

基本 4.4 （太陽の引力と月の引力）　地球が太陽から受けている力と，月から受けている力とではどちらが大きいのか考えよう．太陽は巨大だが，月は近くにある．諸君はどちらの力が大きいと予想するだろうか．

　　月から受ける力は，逆に月が地球から受ける力として考える．反作用だから大きさは等しい．地球は太陽の周りを円運動しているとし，月は地球の周りを円運動しているとしよう．すると，それぞれの加速度と質量を比較すれば，$F = ma$ を使って力の比較ができる．地球の質量は月の質量の80倍であり，地球から太陽までの距離は月までの距離の400倍であるとして計算せよ．

考え方　まず，出てくる量を表す記号を決め，その記号で力を表す．地球と月の質量をそれぞれ m, m'，それぞれの公転の加速度をそれぞれ ω, ω'，また，太陽・地球間の距離と，地球・月間の距離をそれぞれ r, r' としよう． ●

基本 4.5 （円錐振り子）　(a)　下の図のように，ヒモに物体を付けてぶら下げ，等速円運動させる．物体は，ある角度を保ったまま円運動をする．この円運動の向心力はどちらの方向か．その向心力の起源は何か（ヒモが円錐面上を動くので，**円錐振り子**と呼ばれる）．

(b)　円運動せずに単にぶら下がっているときと比べてヒモの張力は大きいか小さいか．

(c)　物体の質量を m，ヒモの長さを l としたとき，角度 θ と物体の速さ v との間の関係を求めよ．θ が大きくなると v はどうなるか．

(d)　周期を求めよ．

(e)　θ が小さいときと，θ が $\frac{\pi}{2}$ に近いとき，周期はどうなるか．

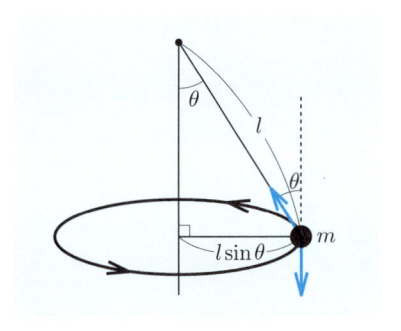

第 4 章 等速円運動

答 基本 4.4

$$\text{太陽から受ける力} = m\omega^2 r$$
$$\text{月から受ける力}（=\text{月が受ける力}）= m'\omega'^2 r'$$

したがって（基本問題 4.1 の答えも使って）

$$\text{比率} = \frac{m}{m'}\left(\frac{\omega}{\omega'}\right)^2 \frac{r}{r'} \fallingdotseq 80 \times \left(\frac{0.017}{0.23}\right)^2 \times 400 \fallingdotseq 170$$

（地球の公転運動が月によってあまり乱されていないことから，太陽の力のほうが圧倒的に大きいと想像される）．

答 基本 4.5 (a) 円運動の向心力とは円の中心方向を向く力である．この問題では円は水平なので向心力も水平方向．物体に働くのは重力とヒモの張力だから，その合力が向心力になる．力を垂直方向と水平方向に分けて考えたときは，水平方向に成分をもつのは張力のみである．
(b) 張力の垂直成分は常に mg．円運動しているときは水平成分もあるので，張力は大きくなる．
(c) 円運動は水平面上での運動だが，一定の高さで物体がまわっているのだから，垂直方向については力がつり合っているという条件も必要である．
　張力を T とすると

水平方向の運動方程式（円運動の式）：
$$m \times \text{加速度}\,(v^2 \div \text{半径}) = \text{向心力}\,(T\sin\theta) \qquad (*)$$

垂直方向の運動方程式（力のつり合い）：
$$0 = T\cos\theta - mg \quad \to \quad T = \frac{mg}{\cos\theta} \qquad (**)$$

θ と v の関係を知りたいので，式 $(**)$ を使って式 $(*)$ から T を消去する．

$$m\frac{v^2}{l\sin\theta} = mg\frac{\sin\theta}{\cos\theta} \quad \to \quad v = \sqrt{lg\sin\theta\tan\theta}$$

θ が大きくなると v も大きくなることがわかる．
(d) 周期 $= \frac{2\pi \times \text{半径}}{\text{速さ}} = \frac{2\pi l\sin\theta}{\sqrt{lg\sin\theta\tan\theta}} = 2\pi\sqrt{\frac{l}{g}}\sqrt{\cos\theta}$
(e) θ が小さいときは周期 $\fallingdotseq 2\pi\sqrt{\frac{l}{g}}$（これは長さ l の振り子の周期と同じである）．θ が $\frac{\pi}{2}$ に近付くと周期は 0 に近付く．無限の速さで回転しなければならないということである．張力も無限大になる．

基本 4.6 (振り子の張力) (a) 質量 m の物体を付けたヒモをぶら下げて，右の図のように揺らす．ヒモの長さを l，最下点での速さを v としたとき，最下点でのヒモの張力 T を求めよ．ヒモが振れていない場合の張力である mg と比べて大きいか，小さいか．

(b) 最下点での速さは，振れの最大角 θ が大きいほど大きくなる．(次章で示すエネルギー保存則を使うと) 最下点での速さは最大角 θ を使って $v^2 = 2gl(1-\cos\theta)$ という式で与えられることがわかる (基本問題 5.4(b))．最下点での張力と mg の比率を求めよ．

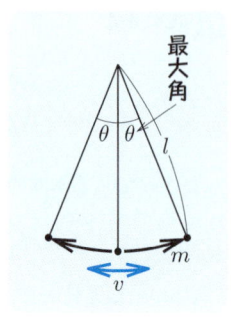

注 円運動の問題はエネルギー保存則に関係することが多いので，次章でもいくつか登場する．

(c) 最下点以外での張力は最下点に比べてどうなるか．張力はどこで最大になるか，どこで最小になるか．

基本 4.7 (自動車が曲がるには) 理解度のチェック 4.5 では，自動車が曲がるために利用できる 2 つの力をあげた．具体的にどの程度役立つのか計算してみよう．

(a) (路面の傾斜) 急カーブの道路は通常，内側に傾斜するように作られている．したがって路面からの垂直抗力は内側に向く水平成分をもつ．半径 30 m の円状のカーブを時速 40 km で曲がるだけの向心力を得るには，路面はどれだけ傾いていなければならないか．

(b) (摩擦力) 自動車を中心方向に押す，タイヤと路面との間の摩擦力を利用することもできる．路面は水平であるとし，半径 30 m の円状のカーブを時速 40 km で曲がるだけの向心力を得るには，摩擦係数 μ はどれだけの大きさがなければならないか．

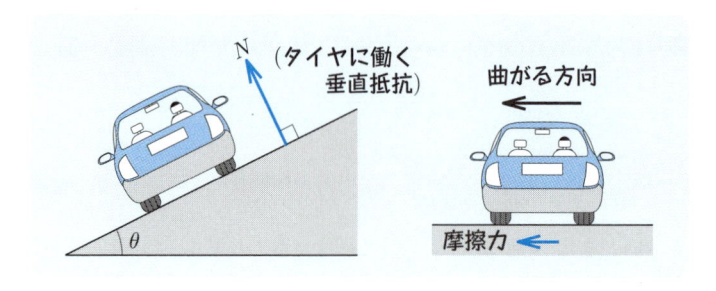

答 基本 4.6 (a) 最下点での加速度は $\frac{v^2}{l}$. したがって,向心力 = 張力 − 重力 より
$$m\frac{v^2}{l} = T - mg \quad \rightarrow \quad T = mg + m\frac{v^2}{l}$$
右辺第 1 項はこの物体を支える分,第 2 項は円運動させるために物体を引っ張る分(向心力)である.第 2 項の分だけ mg より大きい.
(b) v^2 の式を上式に代入すると
$$T = mg\{1 + 2(1 - \cos\theta)\} = mg(3 - 2\cos\theta)$$
つまり $(3 - 2\cos\theta)$ 倍である.$\theta = 0$(つまり振れていない)ならば当然,1 倍だが,たとえば $\theta = \frac{\pi}{2}$ だと(90° 振れる),3 倍にもなる.
(c) 最下点以外では,支える分は(重力はヒモを真っすぐ引っ張らないので)小さくなり,速さが小さくなるので引っ張る分も小さくなる.したがって,張力は最大角のとき(速さゼロ)に最小,最下点で最大.

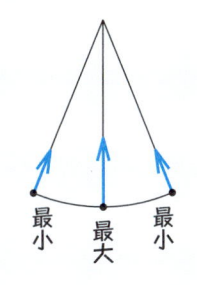

答 基本 4.7 (a) 答えは自動車の質量にはよらないのだが,自動車の質量をとりあえず m としよう.垂直抗力の大きさを N とすると,その鉛直成分($N\cos\theta$)が重力とつり合わなければならないから
$$N\cos\theta = mg \quad \rightarrow \quad N = \frac{mg}{\cos\theta}$$
したがって向心力になりうる分(垂直抗力の水平成分)は
$$向心力 = N\sin\theta = mg\tan\theta$$
$ma = F$ より,向心力は $\frac{mv^2}{r}$ に等しいので($v = 40\,\text{km/時}$,$r = 30\,\text{m}$)
$$\tan\theta = \frac{v^2}{rg} = \frac{\left(\frac{40 \times 10^3}{3600}\right)^2}{30 \times 10} \fallingdotseq 0.41$$
これは $\theta \fallingdotseq 22°$ を意味する.
(b) 自動車は横方向には動いていないのだから,これは静止摩擦力の問題である.最大静止摩擦力が $\frac{mv^2}{r}$ に等しくなければならない.路面は水平なので垂直抗力は mg. したがって最大静止摩擦力は μmg. したがって
$$\mu mg = \frac{mv^2}{r} \quad \rightarrow \quad \mu = \frac{v^2}{gr} \fallingdotseq 0.41$$
μ がこれ以上ならばよい.これは路面が乾いていればありうる値である.

基本 4.8 （回る部屋） (a) 回転する円形の部屋の壁に背を付けて人が立つ．部屋が回転すると人は壁に押し付けられる．なぜか．
(b) 部屋の半径を 4 m とすると，壁に押し付けられる力がその人に働く重力と同じになるためには，部屋はどれだけの周期で回転しなければならないか．
(c) 壁と背中の間の摩擦係数を $\mu = 0.5$ とする．人間が壁に押し付けられて床から浮かび上がった状態になるためには，部屋はどれだけの周期で回転しなければならないか．

基本 4.9 （等速円運動の三角関数による表現） 三角関数を使うと，等速円運動の物体の位置，速度，加速度の関係を示すことができる．特に，微分に慣れている人にとっては，数学の便利さを実感できるだろう．

まず，物体の各時刻での位置を表す方法から説明する．

半径 r の円周上にある物体の位置 (x, y) は次のように表される．

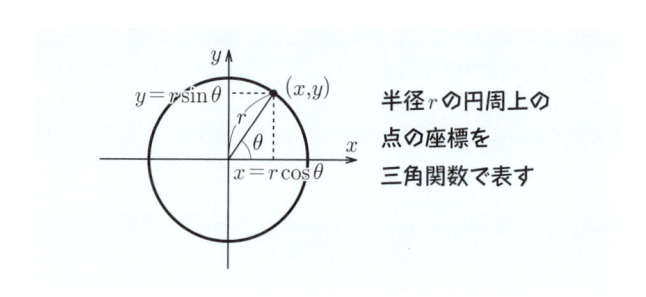

$$x = r\cos\theta, \quad y = r\sin\theta$$

半径 r の円周上の点の座標を三角関数で表す

次に，この物体がこの円周上を等速で動いているとする．物体が一定の角速度 ω で動いている場合，$t = 0$ での角度を θ_0 とすれば，一般の時刻 t では $\theta = \omega t + \theta_0$ となる．したがってそのときは

$$x = r\cos(\omega t + \theta_0), \quad y = r\sin(\omega t + \theta_0)$$

(a) 上の位置の式を t で微分して x 方向の速度 v_x，y 方向の速度 v_y を求めよ．
(b) 速度の式をさらに微分して，x 方向の加速度 a_x，y 方向の加速度 a_y を求めよ．
(c) 加速度が中心方向を向き，その大きさが $\omega^2 r$ であることを示せ．
(d) 速度が接線方向を向いていることを示せ．

第 4 章　等速円運動

答 基本 4.8　(a)　人間は直進しようとするからである．壁に押し付けられた結果として人間は壁から垂直抗力を受け，それを向心力として回転する（回転する人間を基準として考えると，外向きの遠心力によって壁に押し付けられ，それが垂直抗力とつりあっていることになる）．
(b)　まず角速度 ω を求めよう．問題の条件より $m\omega^2 r = mg$ だから，$\omega = \sqrt{\frac{g}{r}}$．したがって
$$\text{周期} = \frac{2\pi}{\omega} = 2\pi\sqrt{\frac{4}{10}}\,\text{s} \fallingdotseq 4.0\,\text{s}$$
(c)　摩擦力が重力 mg とつり合えるためには，$mg = \mu \times$ 垂直抗力．垂直抗力は円運動の向心力に等しいので $m\omega^2 r$．結局
$$mg = \mu m\omega^2 r \quad \rightarrow \quad \omega = \sqrt{\frac{g}{\mu r}}$$
$$\rightarrow \quad \text{周期} = \frac{2\pi}{\omega} = 2\pi\sqrt{0.5 \times \frac{4}{10}} \fallingdotseq 2.8\,\text{s}$$

答 基本 4.9　基本となる微分公式は
$$\tfrac{d}{dt}\sin\omega t = \omega\cos\omega t, \qquad \tfrac{d}{dt}\cos\omega t = -\omega\sin\omega t$$
(a)
$$v_x = \tfrac{dx}{dt} = \tfrac{d}{dt}\{r\cos(\omega t + \theta_0)\} = -r\omega\sin(\omega t + \theta_0)$$
$$v_y = \tfrac{dy}{dt} = \tfrac{d}{dt}\{r\sin(\omega t + \theta_0)\} = r\omega\cos(\omega t + \theta_0)$$
(b)
$$a_x = \tfrac{dv_x}{dt} = -r\omega^2\cos(\omega t + \theta_0), \qquad a_y = \tfrac{dv_y}{dt} = -r\omega^2\sin(\omega t + \theta_0)$$
(c)
$$a_x = -\omega^2 x, \qquad a_y = -\omega^2 y$$
であることに気付こう．つまり加速度を表すベクトルは，位置を表すベクトル (x, y) の反対方向を向いている．つまり中心方向である．また，加速度の大きさは三平方の定理より $a = \sqrt{a_x^2 + a_y^2} = r\omega^2$．
(d)　速度ベクトルと位置ベクトルの内積 $xv_x + yv_y$ がゼロであることをを示せばよい．内積がゼロならば2つのベクトルは直交している．つまり速度ベクトルは接線方向を向く．

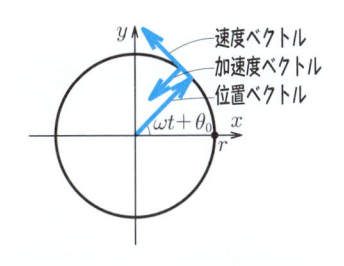

応用問題 ※類題の解答は巻末

応用 4.1 (振り回しの力学) 長い物体の片端をもって持ち上げても、もう一方の端は下に（床に）付いたままだろう。しかしそれをぐるぐる振り回すと、もう一方の端も浮き上がる（プロレスラーが相手の足をかかえて振り回すところを想像しよう）。どれだけ振り回すと浮き上がるのか考えてみよう。

基本問題 4.5 の円錐振り子を考える。ただしここでは、円錐振り子の先端の物体は水平な台の上に乗っているとする（図参照）。物体と台との間の摩擦力は無視できるとする。

最初は、物体は台から浮き上がっていないとしよう。物体が台から垂直抗力（N とする）を受け、角度 θ は最初から決まっているという点で、基本問題 4.5 と異なる。物体の速さ v が増えると（張力が増えるので）N は減ると予想される。そして物体があまり速く動いて台から浮き上がるときは、N はなくなっている。その変化を計算しよう。

考え方 まず浮き上がらないとして計算し、その結果を見て、どのような場合に浮き上がるかを考える。●

応用 4.2 (危ないゴンドラ) 絵のような、垂直面内を等速円運動する観覧車がある。そのゴンドラが最上部にある場合と最下部にある場合に、人が座席から受ける力の大きさと方向を求めよ。人の質量を m、観覧車の回転の角速度を ω、半径を r として式をたてよ。また、角速度が大きくなったとき、最上部と最下部でそれぞれどのような危険性が生じるかを考えよ。

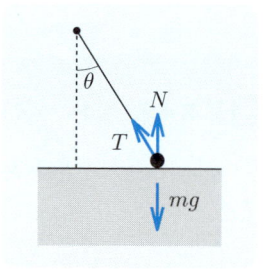

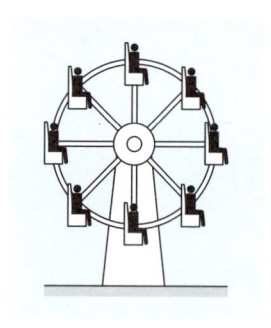

第4章　等速円運動

答 応用 4.1 張力を T とすると

水平方向の運動方程式（円運動の式）：
$$m \times 加速度\, (v^2 \div 半径) = 向心力\, (T\sin\theta) \qquad (*)$$

垂直方向の運動方程式（力のつり合い）：
$$0 = T\cos\theta + N - mg \quad \to \quad T = \frac{mg - N}{\cos\theta} \qquad (**)$$

N と v の関係を知りたいので，式 $(**)$ を使って式 $(*)$ から T を消去する．半径 $= l\sin\theta$ であることも考えると

$$m\frac{v^2}{l\sin\theta} = (mg - N)\frac{\sin\theta}{\cos\theta} \quad \to \quad N = m\left(g - \frac{v^2}{l\tan\theta\sin\theta}\right)$$

したがって $v^2 > gl\sin\theta\tan\theta$ になると $N < 0$ になるが，垂直抗力がマイナスになることはありえないので，そのときは浮き上がり，$N = 0$ になっている（基本問題 4.5 と同じ状況になる）．

答 応用 4.2 人は，重力と座席からの力を受ける．その合力が，人が円運動をするための向心力 $m\omega^2 r$ に等しくなければならない．力を比較するときには方向が重要である．上向きをプラスとして式をたてよう．座席から受ける力を，それぞれ $F_\text{上}$, $F_\text{下}$ と書く（それらは上向きならばプラス，下向きならばマイナスになる）．

最上部：　向心力 $(-m\omega^2 r)$ = 重力 $(-mg) + F_\text{上}$
$$\to \quad F_\text{上} = m(g - \omega^2 r)$$

最下部：　向心力 $(m\omega^2 r)$ = 重力 $(-mg) + F_\text{下}$
$$\to \quad F_\text{下} = m(g + \omega^2 r)$$

つまり最下部では，回転していない場合 $(F = mg)$ の $1 + \frac{\omega^2 r}{g}$ 倍の力を受ける．それだけ強く座席に押し付けられる（体重が重くなったように感じる）．また最上部では，ω が大きい $(\omega^2 > \frac{g}{r})$ と $F_\text{上}$ はマイナス（下向き）になる．下向きの力を受けるにはベルトをしなければならない．さもないと人は飛び上がってしまう．ちなみに $r = 10\,\text{m}$ の場合は $\omega \fallingdotseq 1\,\text{s}^{-1}$（周期約 6.3 秒）で $\frac{\omega^2 r}{g} \fallingdotseq 1$ となる．こんなに早く回る観覧車は見るだけでこわい．

応用 4.3 （回転すると引っ張れる）　下の図のような装置を作る．2つの物体 A と B（質量はそれぞれ M と m）はヒモでつながれており，物体やヒモが動いても，どこにも摩擦力は働かないとする．またヒモの質量は無視できるとする．

(a)　最初は物体 B を手で止めておく．物体 A に働く力とその大きさを求めよ．

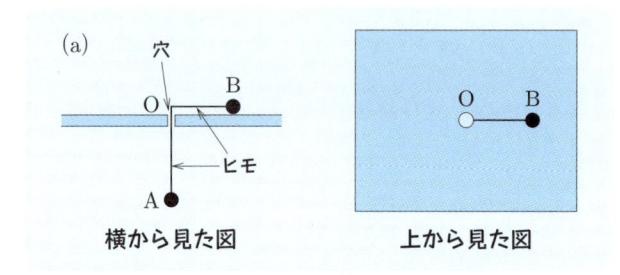

(b)　物体 B からそっと手を離す．物体 A に働く力とその大きさを求めよ．物体 A と B はどのように運動するか．

(c)　今度は，物体 B を点 O の方向とは直角の方向に速さ v で動かした．B は点を中心とする円周上を等速で動き続けた．円の半径を r としたとき，v を求めよ．

🈲　v を正確にこの値にしないと B は円運動をしない．その v を求めよという問題である．

🈲　速さ v が問 (c) の答えよりも小さければ，物体 B は中心 O に近付くように曲がる．しかし O まで到達するわけではない．このことを理解するには第 7 章で導入する角運動量保存則を知らなければならないが，簡単に言えば，穴に近付くと B の速さが増すので，穴の横をすり抜け，決して落ちることはない．ただしこれは摩擦がまったくない場合の話であり，実際には摩擦によって B は減速するので，結局は穴に引き込まれてしまうだろう．

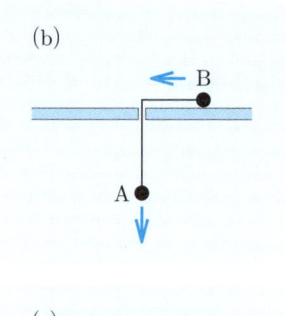

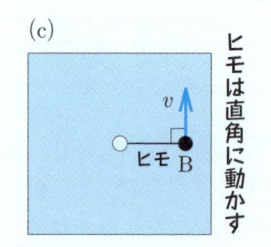

第 4 章　等速円運動

答 応用 4.3 (a) 物体 A には，下向きの重力と，上向きの張力が働いている．物体 A は静止しているのだから，それらはつり合っている．つまり

$$重力 = 張力 = Mg$$

(b) どちらの物体も動き出す．つまりつり合いではなく運動方程式の問題になる．注意すべきなのは，重力は変わらないが張力は変わるということ，また，2 つの物体はヒモでつながっているのだから同じように動くということである．

まず必要な記号を導入する．A の加速度を（下向きをプラスとして）a_A，B の加速度を（中心向きをプラスとして）a_B とし，未知の張力の大きさを T とする（$T > 0$）．(張力はヒモの両端で等しい)．すると

$$物体 A の運動方程式： Ma_A = Mg - T$$

$$物体 B の運動方程式： ma_B = T$$

すでに述べたように A と B は一緒に動くのだから $a_A = a_B$．したがって $a_A = a_B = \frac{T}{m}$ を第 1 式に代入すると

$$\frac{M}{m}T = Mg - T \quad \to \quad T = \frac{mM}{m+M}g$$

張力は問 (a) に比べて，$\frac{m}{m+M}$ 倍になっている（小さくなっている）．したがって力のつり合いはくずれて物体 A は落下する．仮に B の質量がゼロだったら（$m = 0$）張力はゼロになり，A は加速度 g で落下する．B に質量がなければ，A の落下のさまたげにまったくならないからである．

一般の場合の加速度は

$$a_A = a_B = \frac{M}{m+M}g$$

である．m の分だけ加速度が小さくなっている．

(c) r が一定なのだから A の位置は変わらない．したがって A に働く力はつり合っており，張力 $(T) = Mg$ である．したがって B の運動方程式は

$$ma_B = Mg$$

となるが，B は半径 r，速さ v の等速円運動をしているのだからその加速度は $\frac{v^2}{r}$．したがって

$$m\frac{v^2}{r} = Mg \quad \to \quad v = \sqrt{\frac{Mgr}{m}}$$

となる．ここでは張力から B の速さを求めたが，逆に考えると，B がこの速さで動くことにより向心力の反作用をヒモに及ぼし，結果として A が落下しないようにヒモを引っ張るのである．

第 4 章　等速円運動

応用 4.4　（ケプラーの第 3 法則を導く）　惑星の軌道は正確には楕円だが，円だと近似すると以下の関係式が簡単に導かれる．そのことを示せ．万有引力が距離の 2 乗に反比例することを使う．
(a)　惑星の動く速さは，太陽からの距離の平方根に反比例して減少する．
(b)　太陽からの距離の 3 乗と周期の 2 乗の比は一定である（ケプラーの第 3 法則）．この比は太陽の質量に比例する．

注　楕円とした場合も同様の関係が得られるが，導くのは難しい．それを最初にしたのがニュートンである．●

応用 4.5　（測れない質量を知る）　上問 (b) の結果は，万有引力が距離の 2 乗に反比例することを知るために重要だったばかりでなく，天体の質量の比率を知るのにも役立った．右ページ式 (∗) によれば，地球（あるいはその他の惑星）の公転運動の $\frac{r^3}{T^2}$ は太陽の質量に比例しており，月の地球の周りの公転運動の $\frac{r^3}{T^2}$ は地球の質量に比例している．太陽・地球間の距離と，地球・月間の距離の比が約 400，地球と月の公転周期はそれぞれ 365 日，27 日として，太陽と地球の質量の比を計算せよ．

■ **コラム**

応用問題 4.4 や応用問題 4.5 では，地球は静止している太陽の周りを円運動していると仮定し，また月は静止している地球の周りを円運動していると仮定した．静止していなくても等速直線運動していれば議論は変わらない．また一方の天体の質量が圧倒的に大きければ，大きいほうは他方の影響を受けずに等速直線運動していると考えて構わない．太陽と地球の場合はそれで問題ないが，地球と月の場合には質量比は 80 程度なので，1% ほどのずれをもたらす．

厳密には，2 つの天体はその重心の周りを円運動していると考えなければならず，質量を M, m とすれば右ページの式 (∗∗) は厳密には $\frac{r^3}{T^2} = \frac{G(M+m)}{4\pi^2}$ となる．これを使えば月の質量（m に相当）も求めることができるが精度はよくない．月の質量は月の周りに人工衛星を飛ばし，その公転周期から右ページの式 (∗) を使って求めるのが普通である．■

第4章　等速円運動

答 応用 4.4 (a) 惑星の質量を m, 速さを v, 太陽の質量を M, 太陽と惑星の距離を r とする. 惑星が円運動の加速度 ($\frac{v^2}{r}$) をもつのは，万有引力による向心力の結果であるということから

$$m\frac{v^2}{r} = \frac{GMm}{r^2} \quad \to \quad v^2 = \frac{GM}{r} \qquad (*)$$

GM は惑星によらない定数なので，$v \propto \frac{1}{\sqrt{r}}$ であることがわかる．

(b) 周期 T とは1周にかかる時間のことだから

$$T = 1\text{周の距離} \div \text{速さ} = \frac{2\pi r}{v} \quad \to \quad v = \frac{2\pi r}{T}$$

これを式 $(*)$ に代入すれば

$$\left(\frac{2\pi r}{T}\right)^2 = \frac{GM}{r} \quad \to \quad \frac{r^3}{T^2} = \frac{GM}{4\pi^2} \qquad (**)$$

この式の右辺は，太陽の質量に比例する定数（r によらない）である．

注 式 $(**)$ はケプラーの第3法則に他ならないが，歴史をたどると，観測によりこの法則が式 $(*)$ よりも先に発見され，そのことから（ニュートンやその他の人によって）万有引力が $\frac{GMm}{r^2}$ という形をしていることが推定されたのである． ●

答 応用 4.5 添え字を付けてそれぞれの天体に対する量を表せば

$$\frac{M_{太陽}}{M_{地球}} \fallingdotseq (400)^3 \times \left(\frac{27}{365}\right)^2 \fallingdotseq 3.5 \times 10^5$$

■ **コラム**

ニュートンは木星や土星の周りを回る衛星についてのデータから，それらの惑星の質量の太陽質量に対する比率も求めた（17世紀末）．比率しかわからないのは G の値がわからないからである．しかしそのほぼ100年後にキャベンディッシュが地上の2物体間の万有引力を測定して G を求め，単なる比率ではなく，天体の質量も計算できるようになった． ■

108　第4章　等速円運動

応用 4.6　(人工衛星について)　(a)　地球の周りを回る人工衛星について考えよう．応用問題4.4で求めた式は，Mを地球の質量とすれば，地球の周りを等速円運動する人工衛星に当てはまるはずである．地表上の重力加速度が$g = \frac{GM}{R^2}$（式(4.13)）であることを使って（Rは地球の半径），人工衛星の周期Tと，円軌道の半径rの関係を求める式を導け．
(b)　地表すれすれを山にもぶつからずに人工衛星が飛べるとすると，その周期はどれだけか．その速さは．地球の半径を$6400\,\mathrm{km}$として計算せよ．
(c)　赤道上の円軌道で地球の自転と同じ角速度で人工衛星が動いたら，それは常に地表上の同じ点の上空にあることになる．地表に対して止まっているので，これを静止衛星といい，さまざまなことに利用される．この静止衛星の高度を求めよ．
(d)　月は人工衛星ではないが，人工衛星に対する力学の法則と月に対する力学の法則は同じはずである．地球・月間の距離が地球の半径の60倍であることから，月の公転周期を求めよ．

類題 4.1　(天体の大きさと重力との関係)　(a)　月の半径は地球の半径の約3.7分の1である．地球と月が同じ物質でできていたら，月面上の重力加速度は地表上の重力加速度の何分の1程度か．
(b)　実際には月面上の重力加速度は地表上の約6分の1である．これを問(a)の答えと比較すると何がわかるか．

類題 4.2　地球の中心に向けて穴を掘ると，穴の底での重力加速度はどのように変化するか．ただし地球の質量密度は均一だとする．

考え方　地球中心まで穴を掘れば，そこではどちらにも引っ張られるはずはないので，重力加速度gはゼロ．つまり穴を掘ればgは少しずつ減るはずである．たとえば地球中心から距離rまでの所まで掘ると，地球中心を中心とする半径rの球の部分の質量がすべて地球中心に集中しているかのような重力を受ける．その外側の部分は，四方八方からの力が打ち消し合って合力はゼロである●

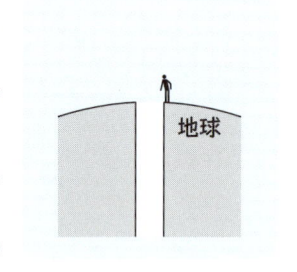

第4章　等速円運動

答 応用 4.6 (a)
$$\frac{r^3}{T^2} = \frac{GM}{4\pi^2} = \frac{gR^2}{4\pi^2} \rightarrow T = \frac{2\pi}{R}\sqrt{\frac{r^3}{g}}$$

T が r の 2 分の 3 乗に比例するのはケプラーの第 3 法則から当然だが，その比例係数が g と R によって決まっていることが重要である．

(b) 上式に $r = R$ を代入すれば
$$T = 2\pi\sqrt{\frac{R}{g}} \fallingdotseq 2\pi\sqrt{6.4 \times 10^5}\,\text{s} = 5.0 \times 10^3\,\text{s} \fallingdotseq 1.4\,\text{時間}$$

速さは
$$v = \frac{2\pi R}{T} = \sqrt{gR} \fallingdotseq \sqrt{6.4 \times 10^7}\,\text{m/s} = 8 \times 10^3\,\text{m/s}$$

もし君がこの速さ（時速約 3 万 km）でボールを投げられたとしたら，そしてすべての木や山や家の間を通り抜けられたら，そのボールは 1.4 時間後には君の背中にぶつかってくるということである．気をつけよう．

(c) 問 (b) の結果を使おう．周期を $\frac{24}{1.4}$ 倍にしたいのだから，距離は（周期の 3 分の 2 乗に反比例するので）
$$\left(\frac{24}{1.4}\right)^{2/3}\text{倍} \fallingdotseq 6.7\,\text{倍}$$

にすればよい．この距離は地球中心からの距離だから，地表から測った高度は地球の半径の約 5.7 倍にすればよい．

(d) これも問 (b) の結果を使おう．距離が 60 倍になるので，周期は 60 の 2 分の 3 乗倍になる．したがって

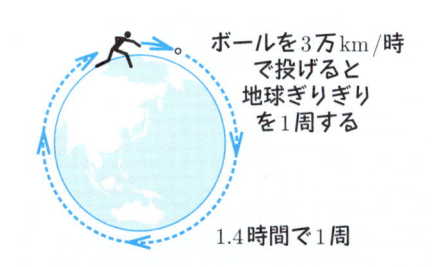

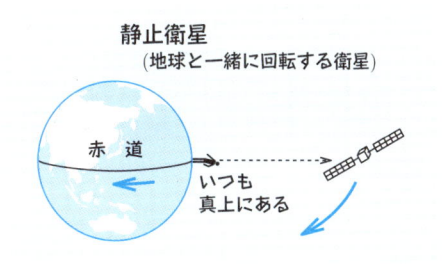

$$\text{月の公転周期} = 1.4\,\text{時間} \times 60^{3/2} \fallingdotseq 651\,\text{時間} \fallingdotseq 27\,\text{日}$$

正しい結果が得られた．このようにしてニュートンは，地上の物体に対する法則と天体に対する法則が同じであると確信した．350 年ほど前のことである．

第4章　等速円運動

応用 4.7　（潮の満ち干）　海面は1日の間でも高くなったり低くなったりしており一定ではない．高くなっているときが満ち潮（満潮），低くなっているときが引き潮（干潮）だが，地球全体で見ると，ある場所で満ち潮ならば，地球の反対側でも満ち潮であり，その中間では引き潮になっている．

なぜこのようになるのか．これは上の絵にもヒントとして描いたように，月の引力の効果である．大雑把に言えば，A 側では平均より多く引き付けられ（月に近いので），B 側では平均よりも少なく引き付けられるので，海面の形が横方向に引き延ばされるからである．つまり潮の満ち干を生み出す力（**潮汐力**という）は，地球の月側と反対側での月の万有引力の差である（右ページ下の注も参照）．

しかし太陽の影響はないのだろうか．実際，基本問題 4.4 では，地球上では月の引力よりも太陽の引力のほうが圧倒的に大きいという話をした．実際，太陽も地球上に満ち干を生み出す．では，月による潮汐力と太陽による潮汐力はどちらが大きいのか．大きさの比率はどのように計算できるか．基本問題 4.4 の結果も使って評価せよ．

考え方　潮汐力とは天体ごとの地球の両側での引力の差である．引力の差は微分で計算できる．●

類題 4.3　（月の自転と公転）　月は常に同じ面を地球側に向けている．これは月の自転速度と公転速度が完全に一致しているからである．なぜ月は，自分の裏側を地球に見せないようになってしまったのか．その責任は地球側にあるのだが，わかるだろうか（多くの衛星がその裏側を親惑星に見せていない）．

考え方　月が地球から受ける潮汐力を考える．月面に海は存在しないが，岩石も完全な固体ではないので潮汐力によって動く．特に月の誕生時には岩石は流動的（マグマ状態）だったので，それが地球上の海水のように動いたと考えてよい．●

第 4 章　等速円運動

答 応用 4.7　一般に関数 $f(x)$ の x と $x+\Delta x$ での差は，Δx が小さい場合には

$$f(x+\Delta x) - f(x) \fallingdotseq \frac{df}{dx}\Delta x$$

という関係で近似的に得られる．この手法を万有引力 F に使おう．天体から距離 r の位置での万有引力と，距離 $r+R$ での万有引力の差を考える．ただしここで r は天体間の距離，R は地球の直径なので，R は（r に比べて）微小な量だと考える．すると

$$F(r+R) - F(r) \fallingdotseq \frac{d}{dr}\left(\frac{GMm}{r^2}\right)R = -\frac{2GMm}{r^3}R$$

たとえば月の潮汐力の場合には，M と m は地球と月の質量，r は月・地球間の距離である．これを使うと

$$\text{月による潮汐力} \div \text{太陽による潮汐力} = \frac{\text{月の質量}}{\text{太陽の質量}} \times \left(\frac{\text{太陽地球間の距離}}{\text{月地球間の距離}}\right)^3$$

となる．ところで

$$\frac{\text{月の質量}}{\text{太陽の質量}} \times \left(\frac{\text{太陽地球間の距離}}{\text{月地球間の距離}}\right)^2$$

は月と太陽による引力の比に他ならないので，約 170 分の 1 であるとすでに求めてある（基本問題 4.4）．これに $\frac{\text{太陽地球間の距離}}{\text{月地球間の距離}}$（約 400）を掛けると，答えは約 2.4 となる．月の潮汐力のほうが大きいが，太陽の潮汐力も同程度であることがわかる．したがって，この 2 つの効果が重なり合うときと打ち消し合うときで大きな違いが出る（それぞれ大潮，小潮と呼ばれる）．

注　潮汐に関する左ページの説明をもう少し厳密にしておこう．地球は，地球と月の重心の周りでほぼ円運動している．したがって地球を基準として考えると遠心力が生じる．遠心力は地球全体が月から受ける力で決まる（その逆符号…式 (4.10)）．したがって地球中心では遠心力と月の引力がつり合うのだが，地球の月側では月の引力が勝り，また反対側では遠心力が勝る．その結果，地球の両側で満ち潮が生じる．ただし実際には，満ち潮になる時刻は，月が正面にきている時刻ではなく，場所によってはかなり遅れて起こる．地球は自転しているため海水が移動しなければならず，それに時間がかかるからである（これは類題 4.3 のヒントでもある）．

第5章 エネルギーと運動量

> **ポイント**

I. 運動量と力積
● 運動量

$$\text{運動量}\,(p) = \text{質量}\,(m) \times \text{速度}\,(v) \tag{5.1}$$

速度 v には方向があるから，運動量にも方向がある（ベクトル）．2次元的，あるいは3次元的な運動のときは，各方向についてこの式が成り立つ．

● 力積

$$\text{力積} = \text{力}\,(F) \times \text{時間経過}\,(\Delta t) = F\Delta t \tag{5.2}$$

F が途中で変化しているときは平均値を使う．

● 運動量の変化と力積との関係

$$\begin{array}{c}\text{ある時間間隔における物体の運動量の変化}\\ =\text{その時間間隔においてその物体に働いた力積}\end{array} \tag{5.3}$$

● 運動量保存則　力を及ぼし合っているすべての物体の運動量の合計は，時間が経過しても変化しない，つまり保存する（すべての物体が受ける力積を合計すると，作用反作用の法則の結果としてゼロになるからである）．

注　何かの量が時間が経過しても変化しないことを，「その量は保存している」という． ●

II. エネルギー
● 運動エネルギー K　速度 v で動いている質量 m の物体がもつ，動いていることによるエネルギー

$$K = \tfrac{1}{2}mv^2 \tag{5.4}$$

● 位置エネルギー（ポテンシャルエネルギー）U　2つの物体の位置関係で決まるエネルギー．2つの物体の間に働く力が原因となるエネルギーである．

第 5 章　エネルギーと運動量

1. 重力による位置エネルギー（地球と物体の位置関係で決まる）：質量 m の物体が地表から高さ x の位置にあるときの重力による位置エネルギー

$$U_{重力} = mgx \tag{5.5}$$

注 1　g は，重力の大きさを表すときに使った重力加速度（32 ページ参照）

注 2　**基準点の問題**：上式は，地表（$x=0$）を基準点（エネルギー $= 0$ の位置）とした場合の式である．地表より少し上，あるいは少し下の位置を基準点とすることもできるし，実際，地表といっても場所によって高さは変わる．したがって，位置エネルギーを考えるときには常に，どこを基準点としているのかを決めておかなければならない．重力による位置エネルギーの場合には，特に断りがなければ，物体がある場所での地表の高さを基準点としたと考えればよい．

式 (5.5) は，物体が地表付近にある場合，つまり重力が mg と表される場合にのみ通用する．人工衛星など物体が地球からかなり離れている場合，あるいは天体間の重力など，万有引力の公式 (4.12) を使わなければならない場合には，位置エネルギーも，次の公式 (5.6) を使わなければならない．

2. 万有引力による位置エネルギー：質量 M と m の 2 つの物体が距離 r だけ離れているときの，万有引力（重力）が原因となる位置エネルギー

$$U_{万有引力} = -G\frac{Mm}{r} \tag{5.6}$$

注 3　天体間のエネルギーの場合，r は天体の中心間の距離である．

注 4　式 (5.5) の $U_{重力}$ は，式 (5.6) で，地球とその表面付近にある物体のケースの近似式である．式 (4.13) も参照．ただし式 (5.6) は，2 つの物体が無限に離れているときにゼロになるようにしている．つまり $r = \infty$ が基準点である．地表を基準点とした式 (5.5) とは，基準点が異なることに注意．

● 弾性力（バネ）によるエネルギーも重要だが次章で扱う．
● 一般に力と位置エネルギーの間には次の関係が成り立つ（応用問題 5.15）．

$$F = -\frac{dU}{dx} \tag{5.7}$$

y 方向あるいは z 方向の動きも考える場合には，それぞれの座標で U を微分すれば，その方向の力の成分が得られる．ただし式 (5.7) が成り立つ U という関数が存在するのは，力 F が位置ごとに決まっている場合に限る．U が存在する力を**保存力**，存在しない力（摩擦力や抵抗力）を**非保存力**という．非保存力とは一般に熱の発生が伴う力である．

● 複数の物体からなる系の（全）力学的エネルギー E

$E =$ その系に含まれるすべての物体の運動エネルギーの合計
    $+$ その系に含まれるすべての物体間の位置エネルギーの合計 　　(5.8)

注 「系」とは，それぞれのケースで指定される物体の集団である．たとえば太陽系とは，太陽とその周囲を回るすべての惑星や彗星の集団であり，太陽以外の恒星は，太陽系という「系」の外部の物体と考える．一方，地球や月はこの系の内部の物体になる．

III. エネルギーと仕事

● 仕事　物体が力を受けて動いたとき，その物体がその力から受けた**仕事**とは

1次元的な運動の場合：　仕事 $=$ 力 $(F) \times$ 変位 $(\Delta x) = F \Delta x$ 　　(5.9)

2次元的または3次元的な運動の場合：
仕事 $=$ 力ベクトル $(\boldsymbol{F})$ と変位ベクトル $(\Delta \boldsymbol{r})$ の内積 $(\boldsymbol{F} \cdot \Delta \boldsymbol{r})$
$\quad = |\boldsymbol{F}| \cdot |\Delta \boldsymbol{r}| \cos \theta$ 　　(5.10)

注1　θ とは力の方向と変位の方向がなす角度．2つの方向は同じとは限らないことに注意．

注2　1次元的な運動でも，力と変位は同じ向きの場合と逆向きの場合がある．同じ方向を向いていればどちらもプラスまたはマイナスなので，仕事はプラスになる．逆方向を向いていれば，どちらかだけがマイナスなので仕事はマイナスになる．同じ方向を向いていれば $\theta = 0$ であり $\cos \theta = 1$，逆向きならば $\theta = \pi$ であり $\cos \theta = -1$ なので，式 (5.10) は式 (5.9) に一致する．

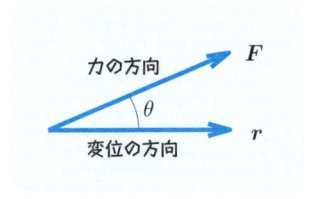

仕事は力と変位の積，力積は力と時間の積であるという違いに注意．力積は運動量の変化に関係するが，仕事はエネルギーの変化に関係する．

● 力学的エネルギーの変化と仕事との関係

系の力学的エネルギー E の変化
　$=$ その系に外部からなされる仕事の合計 　　(5.11)

●（力学的）エネルギー保存則　式 (5.11) の特殊なケースとして，系が孤立していて外部から仕事を受けていない場合には，系の力学的エネルギーは不変である（保存される）．

第 5 章　エネルギーと運動量　　　　　　　　115

注1　系の外部から受ける力を**外力**という．したがって式 (5.11) の右辺は，「外力によってなされる仕事の合計」と書くこともできる．一方，系の内部の物体が互いに及ぼし合う力を**内力**という．

注2　式 (5.11) もエネルギー保存則も，非保存力である内力が働いた場合には成立しない．その場合には熱と内部エネルギーの変化について考えなければならないからである（『グラフィック講義 熱・統計力学の基礎』などを参照）．運動量に関する法則にはそのような制限はない．

● **仕事から位置エネルギーを求める**　運動エネルギーが生じないような状況を考えれば，式 (5.11) を使って仕事から位置エネルギーの変化を計算できる．具体的には，速度をほとんどゼロのまま無限にゆっくりと物体を動かせばよい（これは式 (5.7) を使って積分で U を求めるのと同じ計算になる…応用問題 5.15）．このとき，途中にどのような経路を通っても結果が変わらないことを**仕事の原理**という．

IV. 衝突

● **弾性衝突**　力学的エネルギー保存則が成立する衝突．勢いよくはね返る（運動量保存則はどの衝突でも成り立つ）．

● **非弾性衝突**　衝突で熱が発生するので，力学的エネルギー保存則は成立しない衝突（力学的エネルギーは減少する）．はね返るときの勢いが小さい．

● **完全非弾性衝突**　2 つの物体が衝突後，合体してしまう衝突（非弾性衝突の極端な場合）．まったくはね返らない．

● **はね返り係数（反発係数）e**　はね返りの程度を表す数．

$$\text{はね返り係数}(e) = -\frac{\text{衝突後の相対速度}}{\text{衝突前の相対速度}}$$
$$= -\frac{V'-v'}{V-v} \tag{5.12}$$

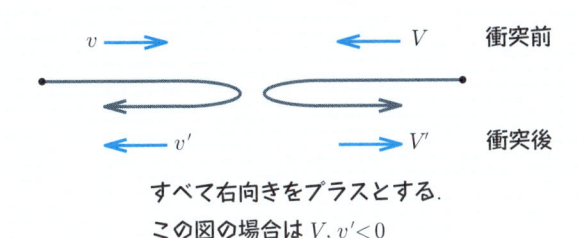

すべて右向きをプラスとする．
この図の場合は $V, v' < 0$

理解度のチェック

理解 5.1 運動量はマイナスになることがあるか．運動エネルギーはマイナスになることがあるか．位置エネルギーはマイナスになることがあるか．

理解 5.2 床に落下してはね返るボールを考える．はね返る前は下向きに動いているから運動量も下向きである．上向きをプラスとすれば，速度も運動量もマイナスになる．しかしはね返った後は，上向きに動いているから運動量も上向きになる（運動量はプラス）．これは，運動量保存則が成り立っていないことを意味するのか．

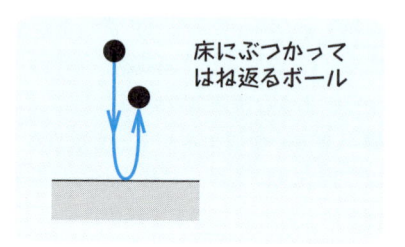

理解 5.3 非常に重い物体が地面に置かれていた．これを手で押したが，びくともしなかった．動かなかったのだから，運動量も運動エネルギーもゼロのままである．しかしこの物体は力を受けている．力積との関係式 (5.3) と仕事の関係式 (5.11) は満たされているのか，説明せよ．

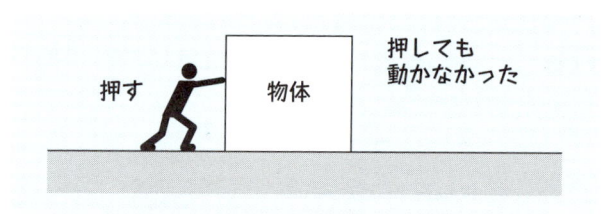

■ コラム

運動量と運動エネルギーの違い——どちらも物体の運動に関係した量なので紛らわしいが，異なる量である．違う点を並べてみよう．

1. 運動量は方向をもつ量（プラスになったりマイナスになったりする量）だが，運動エネルギーには方向はなく，常にプラスである．

2. 運動量の大きさは速度の大きさに比例するが，運動エネルギーは速度の 2 乗に比例する．

3. 運動量の合計は保存する（一定である）が，運動エネルギーの合計は一般に保存しない．

第5章　エネルギーと運動量

答 理解 5.1　物体がマイナス方向に動いていれば，運動量はマイナスになる．運動エネルギーは速度の2乗なので，マイナスにはならない．位置エネルギーはマイナスになりうる．たとえば重力による位置エネルギーは，基準点よりも下（$x<0$）ならばマイナスになる．万有引力のエネルギーは，無限遠でゼロとした場合には，すべての範囲でマイナスになる（式 (5.6)）を見よ）．

答 理解 5.2　運動量保存則が成り立つためには，力を及ぼし合っているものすべてを同時に考えなければならない．この問題の場合，ボールが落下するのは地球に引っ張られるからである．したがって地球もボールに引っ張られて，動きが変化する（地球は圧倒的に重いのでその変化は感知不能なほど小さいが）．つまり運動量保存則ではボールと地球の両方の運動量を考えなければならない（応用問題 5.14 を参照）．

物体がぶつかると
地球も（少し）動く

答 理解 5.3　もちろん，どちらの式も満たされている．押しても動かなかったのは，物体が重いので，地面から受ける摩擦力が大きかったからである．つまり押した力とつり合うだけの逆向きの摩擦力が生じていた．この2つの力は逆向きで合力はゼロであり，力積も逆向き（符号が反対）なので，足せばゼロになる．運動量もゼロのままなので，式 (5.3) は成り立っている．

また，動いていないのだから変位はゼロ．したがって摩擦力があるかないかにかかわらず仕事もゼロになる．運動エネルギーも変化しない（ゼロのまま）のだから式 (5.11) は成り立っている．

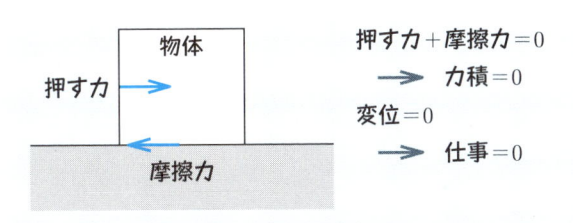

押す力 + 摩擦力 = 0
　　　→　力積 = 0
変位 = 0
　　　→　仕事 = 0

理解 5.4 式 (5.11) によれば，エネルギーの変化は仕事に等しい．どちらもマイナスになる例をあげよ．エネルギーが運動エネルギーである例と位置エネルギーである例を1つずつあげること．1次元的な運動で考えよ．

注 仕事をすれば必ずプラスの成果があると思ってはいけない．プラスになったりマイナスになったりするのが物理量の度量の広い所であり，どちらの場合も同じ法則，同じ式で表されるというのが面白い．ここでは仕事をマイナスにしたいので，力の方向と変位の方向が逆になっていなければならない．そのような例を考えよう（符号が決まっている物理量もあるが，なぜ決まっているのかも興味深い問題である．たとえば，摩擦係数はなぜマイナスにならないのか）．

理解 5.5 (a) 物体を手に載せてゆっくりと持ち上げた．手は仕事をしている．では，重力は仕事をしていると言えるか．答えは，何を系とみなすかによって変わる．そのことを説明せよ．

(b)「物体を持ち上げるとき，重力は下方向に働いている．物体の変位と重力の方向は逆向きなので，重力がする仕事はマイナスである．したがって式 (5.11) により，位置エネルギーは減少する．」しかし位置エネルギー mgx は高度 x が増えると大きくなるのだから，この文は何かが間違っているはずである．何が間違いなのか．

■ コラム

エネルギーは「何かをする能力の尺度」とみなすことができる．そのため，次のような特徴がある．

1. 運動エネルギーは質量 m が大きいほど大きい．実際，質量が大きいほど何かに衝突したときに与える衝撃も大きい．

2. 運動エネルギーは速度そのものではなく2乗に比例する．したがって運動エネルギーは動く方向（つまり速度の正負）とは無関係になる．

3. 重力（あるいは万有引力）による位置エネルギーは，重力源から離れるほど大きくなる．実際，高いところにあればあるほど，落下したときに速さが大きくなるので，その上で何かに衝突すれば衝撃も大きい．つまり，位置エネルギーがもつ「能力」は間接的なものである．位置エネルギーはポテンシャルエネルギーともいうが，「ポテンシャル」とは潜在的という意味である．

第 5 章 エネルギーと運動量

答 理解 5.4 運動エネルギーの例　飛んでくる物体を，手で受けて止める．物体には勢いがあるので，手と物体が接触してから，腕を少し手前に曲げなければならない．この場合，運動エネルギーはプラスからゼロになる（つまり減る）ので，式 (5.11) の左辺はマイナスである．また手が物体に与える力は，物体が動く方向（変位）とは逆なので，右辺もマイナスである．

位置エネルギーの例　手のひらに物体をのせ，ほとんど速度ゼロのままゆっくりとおろす．手は，物体が落ちないように常に上向きの力で支えていなければならない．この場合，運動エネルギーは（ほぼ）ゼロのままなので考えない．すると式 (5.11) の左辺は重力による位置エネルギーだけだが，物体の高さが下がるのだから，その変化はマイナスである（位置エネルギーは減る）．また，手による力の方向（上向き）と変位の方向（下向き）は逆なので，手による仕事もマイナスである（この場合，「地球と物体」という系に対して，手が外力を加えると考えている．したがって式 (5.11) では，重力の効果は左辺に位置エネルギーとして登場し，手の力は外力として，式の右辺に登場する）．

答 理解 5.5　(a)　「何らかの力が，何かの系に仕事をしている」という場合，その力は系の外部からかけられた力（外力）のことである．物体だけを系と考える場合には，地球による重力は外力になるので，重力はこの物体に仕事をしたと言える．しかし物体と地球をまとめて系と考えた場合には，手の力は外力になるが，地球が物体に及ぼす重力は外力にはならない（内力である）ので，重力がその系に対して仕事をしたとは言わない．

(b)　重力による位置エネルギーとは，「物体と地球」という系がもつエネルギーである．そして式 (5.11) の右辺の仕事とは，その系に対して外部から働く力である．したがって式 (5.11) を使って重力の位置エネルギーを計算するには，外部から手で加える力による仕事を使わなければならない（上問も参照）．手の力は上向きなので，持ち上げるときはその仕事はプラスになり，位置エネルギーは大きくなる．

重力による位置エネルギー
＝「物体と地球」という系のエネルギー

基本問題

※類題の解答は巻末

基本 5.1 (a) 質量 m_1 と m_2 の 2 つの物体が力を及ぼし合って，直線上を近付いている．そのときのそれぞれの加速度の比を求めよ．
(b) 微小時間 Δt におけるそれぞれの速度の変化 Δv を求め，運動量の和（つまりこの 2 つの物体からなる系の全運動量）が保存していることを示せ．

考え方 それぞれの物体に関する量を，添え字 1 と 2 を使って表そう．運動方程式は $F_1 = m_1 a_1$, $F_2 = m_2 a_2$ と書ける．たとえば F_1 は，物体 1 が物体 2 から受けている力である．

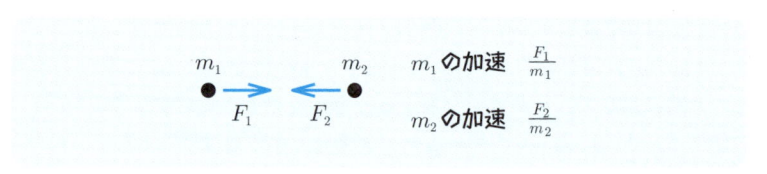

基本 5.2 (a) 地表から高さ h のところにある質量 m の物体の位置エネルギー（正確に言えば物体と地球という系の位置エネルギー）は，$h = 0$ のときをゼロとした場合，mgh（式 (5.5)）になることを，この物体を外力によって h だけ持ち上げるときの仕事を計算することによって示せ（式 (5.11)）．
(b) 問 (a) の計算では，運動エネルギーが生じないようなプロセスを考えるので，h だけ持ち上げた後でも物体は動いていない．つまり運動量はゼロのままである．しかし物体に外力を及ぼしているのだから，その力積はゼロではない．これは式 (5.3) とは矛盾しないか．下図も参考にして考えよ（何を系と考えるかによって答えは変わる）．

類題 5.1 重力の働いていない空間で，質量 m の物体を一定の力 F で押し続け，速度をゼロから v まで加速させた．そのときの仕事を計算することにより，運動エネルギーは $\frac{1}{2}mv^2$ と表せることを示せ．

第 5 章　エネルギーと運動量

答 基本 5.1　ポイントでも説明したように，運動量保存則の本質は作用反作用の法則である．それを証明する問題．
(a)　作用反作用の法則より $F_1 = -F_2$ だから，$m_1 a_1 = -m_2 a_2$，つまり $\frac{a_1}{a_2} = -\frac{m_2}{m_1}$．加速度の向きが反対なのでマイナスの符号が付いているが，大きさだけを問題にするのなら，加速度は質量に反比例する．
(b)　速度の変化を加速度から計算する．微小時間での速度と加速度の一般的な関係は $a = \frac{\Delta v}{\Delta t}$ だから，ここでは $\Delta v_1 = a_1 \Delta t$，$\Delta v_2 = a_2 \Delta t$．したがって

$$運動量の和の変化 = m_1 \Delta v_1 + m_2 \Delta v_2 = (m_1 a_1 + m_2 a_2) \Delta t = 0$$

運動量の和は変化しない，つまり保存する．

答 基本 5.2　(a)　仕事から位置エネルギーを求めるときは，運動エネルギーをゼロのままにするために，無限にゆっくりと動かさなければならない．物体には下向きに mg の地球の重力がかかっているので，（無限にゆっくりと）持ち上げるには，上向きに mg の力を与えなければならない（正確には mg よりも少し大きい力 F で持ち上げることを考え，最後の答えで $F \to mg$ という極限をとるのだが，最初から $F = mg$ として問題が起きないときにはそのようにする）．

変位は上向きに h だから，仕事は式 (5.9) より，

$$仕事 = 力 \times 変位 = mg \times h = mgh$$

になる．したがって位置エネルギーの変化も mgh になる．これは式 (5.11) より

$$高さ h のときの位置エネルギー - 高さ 0 のときの位置エネルギー = mgh$$

ということだが，高さ 0 のときに位置エネルギーをゼロとすれば（基準点をそこに選ぶということ），位置エネルギー自体が mgh になる．
(b)　まず「物体と地球」を系として考えよう．問 (a) では地球は動かしていない．しかし地球には上向きに mg の力が物体からかかっているので（物体に働く重力の反作用），地球を止めておくためには大きさ mg の下向きの外力を加えなければならない（地球の変位はゼロなのだから，この外力は仕事をしない）．結局，「物体と地球」という系に働く全外力の合力は，物体に働く上向きの外力と地球に働く下向きの外力が打ち消し合ってゼロになる．したがってこの系の運動量がゼロのままであることと矛盾しない．

もし物体のみを系と考えるならば，地球による重力も外力になるので，物体に働く全外力はゼロになり，やはり式 (5.3) とは矛盾しない．

第5章 エネルギーと運動量

基本 5.3 (自由落下でのエネルギーの変化) (a) 地表上で自由落下している物体は，エネルギー保存則を満たしていることを示せ．

考え方 この場合のエネルギーとは，運動エネルギー (5.4) と，重力によるエネルギー (5.5) の和である．等加速度運動での速度と位置の関係が問題になるので，式 (2.4) を使うことができる．

(b) $t=0$ での初期位置を x_0, 初速度をゼロとしたとき，時間とともに各エネルギーがどのように変化するかを，横軸を時間としたグラフを描け．

類題 5.2 上問の (b) で，$t=0$ で上に投げ上げた場合にエネルギーのグラフはどうなるか．概形を描け．

基本 5.4 (エネルギー保存則で速度を求める) 物体の運動 ($x(t)$ や $v(t)$) がわかっていればエネルギー保存則を確かめることができるが (たとえば基本問題 5.3)，逆に，エネルギー保存則を使って運動の様子を知ることができる．特に，時間は問題にせずに位置から速度，あるいは速度から位置を知りたいときに役に立つ．

(a) 高さ h の所から，初速度 0 で落下した．エネルギー保存則を使って，落下したときの速度を求めよ．

(b) 右下の図のような振り子を考える．角度 θ の所から初速度 0 で手を離したとき，最下点での速さ v をエネルギー保存則から求めよ (この結果を以前，基本問題 4.6 で使った)．

注 どのように運動しているか，細かいことは知らなくても，重要な情報が得られるのが保存則の特徴である．ただし問 (b) でエネルギー保存則をなぜ使えるかは説明が必要だろう．実際，物体にはヒモの張力が働いているので，式 (5.11) によれば，張力による仕事の分だけエネルギーが変化するはずである．しかし張力は変位の方向 (物体が振れる方向) に垂直なので，式 (5.10) より仕事はゼロになる ($\cos\theta = 0$)．したがって外力が働いているが (だからこそ物体は円運動する)，エネルギーは変化しない．一般に円運動の向心力は仕事をしない．

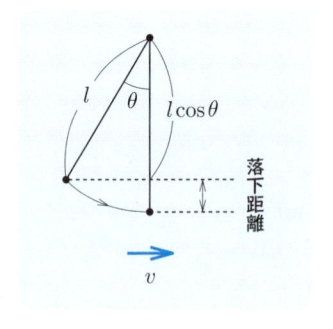

第5章 エネルギーと運動量

答 基本 5.3 (a) 時刻 t での力学的エネルギー E は

$$E = \tfrac{1}{2}mv(t)^2 + mgx(t)$$

である．自由落下の速度と位置はすでに第2章で求めてあるので（式 (2.3) で $a = -g$ とすればよい），それを上式に代入して $E = $ 一定 である（t に依存しない）ことを示せばよい．しかし式 (2.4) を使うと面倒な計算は省略できる（面倒な計算は式 (2.4) を導いた段階で終わっている）．実際，式 (2.4) に $a = -g$ として少し変形すると

$$\tfrac{1}{2}v(t)^2 + gx(t) = \tfrac{1}{2}v_0{}^2 + gx_0$$

となる．この式全体に質量 m を掛ければ，$E = $ 一定 である（$t = 0$ での初期値を常に維持している）ことがわかる．式 (2.4) という便利な関係式は，実質的にはエネルギー保存則を表す式だったのである．

(b) 位置エネルギー $mgx(t) = mgx_0 - \tfrac{1}{2}gt^2$ をグラフに描けば，E の残りの部分が運動エネルギーになる．位置エネルギーが減るとともに運動エネルギーが増えて，落下（$x = 0$）した時点ですべてが運動エネルギーになる．

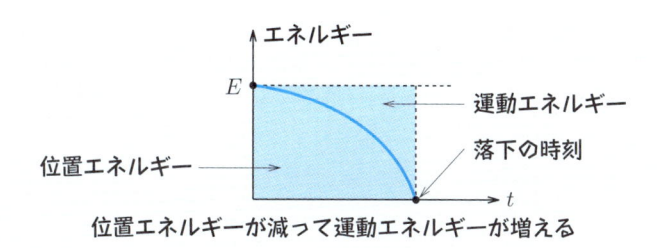

位置エネルギーが減って運動エネルギーが増える

答 基本 5.4 (a) 最初は位置エネルギーだけ，そして落下した瞬間は運動エネルギーだけなので，エネルギー保存則は

$$mgh = \tfrac{1}{2}mv^2 \quad \rightarrow \quad v = \sqrt{2gh}$$

(b) 最下点を位置エネルギーの基準点（$U = 0$）としよう．すると，手を離した時点では位置エネルギーだけであり，最下点では運動エネルギーだけである．したがって問 (a) と同じ式が成り立つ．$h = l\,(1 - \cos\theta)$ であることを使えば

$$v = \sqrt{2gl(1 - \cos\theta)}$$

となる．

基本 5.5（仕事を使って位置を求める） 外力による仕事がありエネルギー保存則が使えない場合でも，式 (5.11) を使って重要な情報が得られる．たとえば摩擦力がある例を考えてみよう．

質量 m の物体を水平な面上で初速度 v で滑らしたところ，少し滑って止まった．この物体と面の間に働く動摩擦係数 μ として，移動距離を求めよ．

考え方 物体は摩擦力によってブレーキがかかって止まる．水平面上での運動だから位置エネルギーに変化はない．運動エネルギーが，摩擦力による仕事（< 0）によってゼロになるという関係を考える．

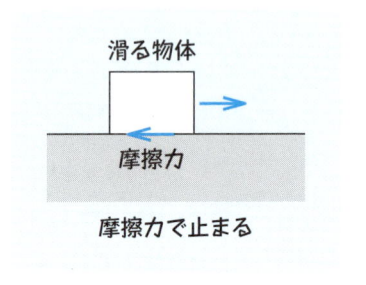

基本 5.6（弾性衝突とエネルギー保存則） 衝突のときは一般には力学的エネルギーは保存しない．直観的に言えば，熱が発生するからである．衝突のときに保存力ではない力が働くからだと説明することもできる．しかし熱の発生がない，力学的エネルギーが保存する衝突もある．それが弾性衝突だが，そのときははね返り係数 e が 1 になる．そのことを証明せよ．

考え方 衝突の前と後で，運動量と力学的エネルギーには変化はないという式を書いてはね返り係数 e を計算する．逆に，運動量保存則と $e = 1$ という式から，力学的エネルギー = 一定，ということを導いてもよい．記号は下図を参考にすればよい．衝突中を除き物体間に力は働いていないので，衝突前後では位置エネルギーはゼロだとする（痛い）．

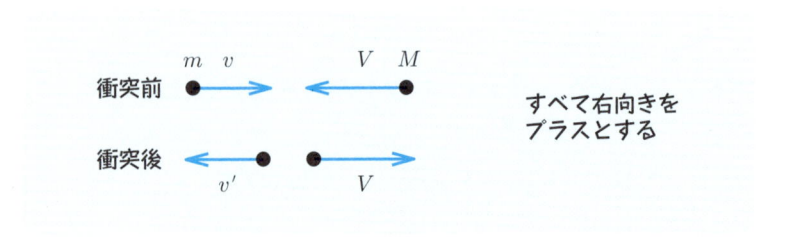

基本 5.7 非弾性衝突では力学的エネルギーは減少する．そのときに $e < 1$ であることを，基本問題 5.6 の解答を参考にして証明せよ．

第 5 章　エネルギーと運動量　　　　　　　　　　125

答 基本 5.5　求めたい移動距離を d とする．物体と面の間に働く力（垂直抗力）は mg だから，摩擦力は μmg．物体が止まるまでの仕事は 移動距離×力 だが，動く方向と摩擦力の方向は逆向きだから，摩擦力による仕事 $= -\mu mgd$．したがって式 (5.11) は

$$\text{運動エネルギーの変化} = 0 - \tfrac{1}{2}mv^2 = -\mu mgd \quad \to \quad d = \tfrac{1}{2}\tfrac{v^2}{\mu g}$$

符号を間違えると移動距離がマイナスになってしまう．注意しよう．

注　エネルギーという概念を持ち出さず式 (2.4) を使っても同じ計算になる． ●

答 基本 5.6　**考え方** の 2 番目の方針のほうが素直な計算ができるが，そのタイプの計算は応用問題 5.12 で行う．ここでは最初の方針で，賢い（ずるい）手順を使って計算する．

まず，運動量保存則は

$$mv + MV = mv' + MV' \quad \to \quad m(v - v') = M(V' - V) \qquad (*)$$

エネルギー保存則は

$$\tfrac{1}{2}mv^2 + \tfrac{1}{2}MV^2 = \tfrac{1}{2}mv'^2 + \tfrac{1}{2}MV'^2$$
$$\to \quad m(v^2 - v'^2) = M(V'^2 - V^2)$$
$$\to \quad m(v - v')(v + v') = M(V' - V)(V + V') \qquad (**)$$

式 $(**)$ の各辺を式 $(*)$ の各辺で割れば

$$v + v' = V + V' \quad \to \quad V' - v' = v - V$$

これは式 (5.12) で $e = 1$ という式である．

答 基本 5.7　エネルギーの式は不等号になり

$$\tfrac{1}{2}mv^2 + \tfrac{1}{2}MV^2 > \tfrac{1}{2}mv'^2 + \tfrac{1}{2}MV'^2 \qquad (***)$$
$$\to \quad m(v - v')(v + v') > M(V' - V)(V + V')$$

左ページの図のように $v > 0 > V$ として考える．すると $v - v' > 0$（**注**）なので，上式を上問の式 $(*)$（各辺はプラス）で割れば

$$v + v' > V + V' \quad \to \quad v - V > V' - v'$$

これから（$v - V > 0$ なので）$e < 1$ という式が得られる．

注　$v' < 0$ ならば当然．$v' > 0$ だとしても $v' > v > 0$ はありえない．仮にそうだとすると式 $(*)$ より $V' < V < 0$ となり，式 $(***)$ が成り立たない． ●

応用問題 ※類題の解答は巻末

応用 5.1（こぼしながら測る） 水の質量を測るのに，普通の人ならばそれを何かの容器に入れて秤(はかり)に乗せるだろう．しかし少し変わった人がいて，汚れた秤（体重計）を水で洗い流しながら，同時にその水の質量を測ろうとした．その人は，1 m 上から水を 10 秒間，秤の上にこぼし続けた．その 10 秒間，秤の目盛りは 2 kg という値を示していた．彼がこぼした水の質量を計算せよ（水は秤の上に落ちた後はすぐに横に流れてしまい，秤の上に乗っている分の質量は無視できるとする）．

考え方 秤は落ちてくる水を受け，それを止めている．そのための力の反作用が，水が秤に与える力である．秤の目盛りは kg で表されているが，実際には秤が受けている力を示していることに注意．力と時間が与えられているのだから，力積の関係式 (5.3) が使えそうである．

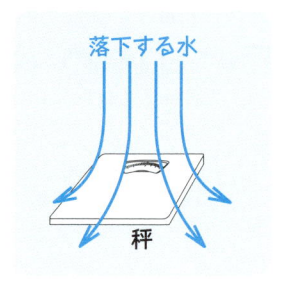

応用 5.2（動かしながら計算する） 基本問題 5.2 では，重力の位置エネルギーを求めるとき，式 (5.11) の関係を使った．外力によって，重力に対抗して物体を動かし，そのときに必要な仕事を計算した．運動エネルギーを生み出さないように，重力と大きさの等しい（逆向きの）外力を使ったが，物体を本当に動かすには，厳密に言えば，外力は重力よりもわずかに大きくなければならない．そこで，基本問題 5.2 で，物体を地球から引き離すための外力（F と書く）を mg よりわずかに大きい定数だとして計算してみよう．その上で $F \to mg$ の極限を取る．そのような計算でも運動エネルギーは生じず，仕事は mgh になり，したがって位置エネルギーが mgh となることを示せ．

考え方 F は (mg よりもわずかに大きい) 定数だとするので，物体の動きは等加速度運動だとして計算すればよい．

第 5 章　エネルギーと運動量　　　　　　　　　　　　　**127**

答　応用 5.1　2 kg という秤の目盛りは，秤が水に対して 20 N という力を与えていることを意味する（$g \fallingdotseq 10\,\mathrm{m/s^2}$ とした）．それが 10 秒間だから

$$\text{力積} = \text{力} \times \text{時間} = 200\,\mathrm{N \cdot s}$$

である．式 (5.3) によれば，この力積は，水が秤にぶつかることによる運動量の変化に等しい．

1 m をとりあえず h とし，求めたい水の全質量を M とする．水は自由落下するのだから，秤にぶつかったときの速さ v は，式 (2.4) より（あるいはエネルギー保存則より），$v^2 = 2gh$．この速さが秤の所でゼロになったのだから，そこで生じた運動量の変化は Mv．結局，式 (5.3) は

$$Mv = 200\,\mathrm{N \cdot s}$$
$$\to\quad M = 200\,\mathrm{N \cdot s} \div \sqrt{2gh} \fallingdotseq 200 \div \sqrt{2 \times 10 \times 1}\,\mathrm{kg} \fallingdotseq 45\,\mathrm{kg}$$

精度の悪い，かなりばかばかしい質量測定法だが，力積の関係を利用しようとした気持ちを評価しよう．

答　応用 5.2　物体には上向きに $F - mg\,(>0)$ の力が働く．したがって，この物体は加速度 $\frac{F-mg}{m}$ の等加速度運動をする．等加速度運動の公式 (2.4) より，$x = h$ となった時点での速度は $v^2 = 2\frac{F-mg}{m}h$．したがって運動エネルギーは

$$\tfrac{1}{2}mv^2 = (F - mg)h$$

これは $F \to mg$ の極限でゼロなる．また外力による仕事は Fh だが，これも $F \to mg$ の極限で mgh になる．

注　地表からの高度を x とすれば（初期位置 = 0，初速度 = 0 として）

$$x = \tfrac{1}{2}\frac{F-mg}{m}t^2$$

高度が $x = h$ になる時刻は $t = \sqrt{\frac{2hm}{F-mg}}$．したがって $F \to mg$ の極限では $t \to \infty$ になる．つまり無限にゆっくりと動かすには，当然のことながら無限の時間がかかる．しかし速度は

$$v = \text{加速度} \times \text{時間} = \tfrac{F-mg}{m} \times \sqrt{\tfrac{2hm}{F-mg}} = \sqrt{\tfrac{2h(F-mg)}{m}}$$

となり，$F \to mg$ の極限では無限の時間の後でも $v \to 0$ である．

|応用| 5.3 （硬い緩衝物） いきなり大きな力でなぐられたら痛い．しかし何か衝撃をやわらげるもの（緩衝物）があって，間接的になぐられたのなら，平気でいられるかもしれない．諸君は緩衝物として柔らかいものがいいと思うかもしれないが，硬いものでも役に立つことを示そう．

　緩衝物として，硬くて重い物体が長いロープでぶら下げられている．その片面に強い衝撃を与えた．その衝撃は反対側ではどのように感じるだろうか（たとえば寺の鐘を片側から撞木で力いっぱいたたいたとき，その反対側で鐘によりかかっていた人はどう感じるかという問題である）．

(a) 与える衝撃の力の大きさを F，力が加わっている微小な時間を Δt とする．この衝撃によってこの物体が得る速さ v を求めよ．ただしこの物体の質量を M とする．この計算では，物体の反対側に人が立っていることを考える必要はない．

(b) この物体とそれを吊るしているロープ全体を振り子だと考える．物体は振れて，減速して止まるだろう．しかし物体の反対側に立っていた人は，十分な力で踏ん張らなければ，何らかの速さ v' で押し出されてつんのめるだろう．ただし，人間の体はへこんだり曲がったりするので，速さ v' で物体に押し出されるまで，少し時間がかかる．その時間を $\Delta t'$ とする．v' は v の半分だとしよう（物体は $\Delta t'$ の間にも減速しているので）．$\Delta t'$ の間に人間が受ける力の平均 f を求めよ．ただし人間の質量を m とする．

|応用| 5.4 （バットの力） 時速 100 km で飛んできた質量 100 g のボールを，時速 100 km の速さで真正面に打ち返した．バットとボールの接触時間を 100 分の 1 秒としたとき，その間にボールがバットから受ける平均の力を求めよ．この力は，このボールに働く重力の約何倍か．

第 5 章　エネルギーと運動量

答 応用 5.3　(a) この物体が得る速度は式 (5.3) より

$$Mv = F\Delta t \quad \rightarrow \quad v = \frac{F\Delta t}{M}$$

(b) 人間に関しては，式 (5.3) は

$$mv' = \tfrac{1}{2}mv = f\Delta t' \quad \rightarrow \quad f = \frac{mv}{2\Delta t'} = \frac{1}{2}\frac{\Delta t}{\Delta t'}\frac{m}{M}F$$

$\frac{\Delta t}{\Delta t'}$ も $\frac{m}{M}$ も 1 より（かなり）小さい量なので，人間が受ける衝撃 f は，最初の衝撃 F よりもかなり小さくなる．大きな鐘は数十トンもあるので，f は F の数百分の 1 程度になる．

といっても，いきなりこの力で（数十 cm ほど）押されるのは，決して安全なことではない．実験をする場合には力加減と足元に十分，気をつけていただきたい．

答 応用 5.4　ボールの運動量がどれだけ変化したかがわかっているのだから，これは力積の問題と考えるのがわかりやすいだろう．式 (5.3) により，衝突の間にバットがボールに与えた力積がわかる．それを，力をかけていた時間（接触時間）で割れば，平均の力がわかる．

$$平均の力 = 運動量の変化（力積）\div 接触時間$$

具体的には，飛んできたときの運動量は（はね返る方向をプラスとすれば）

$$最初の運動量 = -100\,\text{km/時} \times 100\,\text{g}$$
$$= -10^5\,\text{m} \div 3600\,\text{s} \times 0.1\,\text{kg} = -\frac{100}{36}\,\text{kg}\cdot\text{m/s}$$

はね返った後の運動量は，これと大きさが同じで逆向きなので，$+\frac{100}{36}\,\text{kg}\cdot\text{m/s}$．したがって運動量の変化は $\frac{200}{36}\,\text{kg}\cdot\text{m/s}$．

$$平均の力 = \frac{200}{36}\,\text{kg}\cdot\text{m/s} \div 0.01\,\text{s} \fallingdotseq 560\,\text{kg}\cdot\text{m/s}^2 = 560\,\text{N}$$

ボールに働く重力は $mg \fallingdotseq 1\,\text{N}$ だから，その約 500 倍である（よくある力積の問題だが，等加速度運動 $v = v_0 + at$ を使う問題として考えてもほとんど同じ計算になる）．

第 5 章 エネルギーと運動量

応用 5.5 （台も動く 1） スロープを滑り落ちてきた物体が，台の上に落ち滑り始めた．台の上を滑る物体には摩擦力が働くとする．次の場合にどうなるか考えよう．
(a) 最初は，台は下の床に（つまり）固定されていて動かないとする．どのような現象が起きるだろうか．物体のエネルギーと運動量はどうなるか．物体と台を合わせた系のエネルギーと運動量はどうなるか（減るのか保存するのか）．

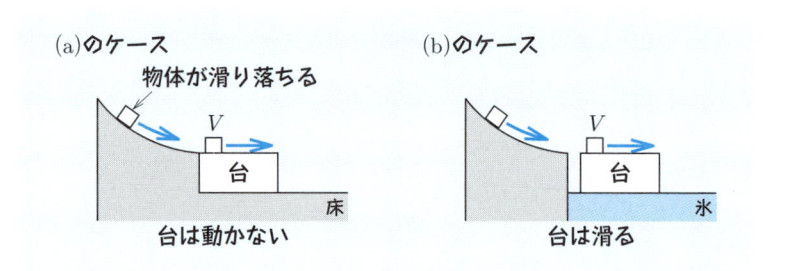

(b) 台と床は固定されておらず，しかも下の床は氷でできているので，台と床との間の摩擦力は無視できるとする．どのような現象が起きるだろうか．物体のエネルギーと運動量はどうなるか．物体と台を合わせた系のエネルギーと運動量はどうなるか．

応用 5.6 （台も動く 2） 上問 (b) のケースでの動きを計算しよう．保存している量があれば，そのことを使う．保存しない場合は変化分を調べる．物体と台の質量をそれぞれ m, M とし，また物体の滑り始めの速さを v とする．
(a) 一体となって動いているときの速さ V を求めよ．
(b) 一体となって動くまでに物体はどれだけ動いたか，台はどれだけ動いたかを計算し，また物体が台に表面でどれだけ滑ったかを求めよ．ただし式を簡単にするために摩擦力の大きさを F としてよい（$F = \mu mg$ ではあるが）．

考え方 問 (b) では摩擦力がどの方向に働いているかに注意しよう．

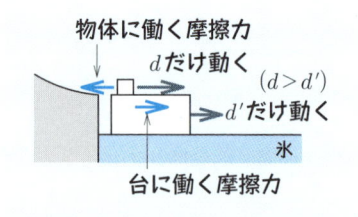

第5章　エネルギーと運動量

答 応用 5.5 (a) 物体は少し滑ってから止まる．台は（膨大な質量をもつ地球に）固定されているので動かない．物体の運動エネルギーは，物体と台の間の摩擦力による仕事の分だけ減り，最終的にはゼロになる．接触面に熱の発生があるので，物体と台（および地球）の全力学的エネルギーは保存しない．

　全運動量は熱の発生に関係なく保存する．物体の運動量は，摩擦力による力積の分だけ変化し，最終的にはゼロになる．その分だけ台と地球の運動量が増えるが，その全質量は膨大なので，それによる速度の変化は検知不能である．

(b) 物体からの摩擦力を受けて，台も滑りだす．物体と台との間には摩擦力があるので，物体の台上での滑りは止まり，物体と台は最終的には一体となって氷の上を滑り続ける．接触面に熱の発生があるので，物体と台（および地球）の全力学的エネルギーは保存しない．

　運動量に関しては，（摩擦力による力積の分だけ）物体の運動量は減り，台の運動量は増え，その和は保存する．

答 応用 5.6 (a) 全運動量は保存している．最初は物体だけが速さ v で動いており，最終的にはどちらも速さ V で動いている．したがって運動量保存則より

$$mv = (M+m)V \quad \to \quad V = \frac{m}{M+m}\,v$$

(b) 各エネルギーはなされた仕事の分だけ変化する．一体となるまでの物体の変位を d とすると（物体に対しては摩擦力が変位とは逆向きに働くので仕事 < 0）

$$\tfrac{1}{2}mV^2 - \tfrac{1}{2}mv^2 = -Fd$$

また，それまでの台の変位を d' とすると，

$$\tfrac{1}{2}MV^2 = Fd'$$

（台に対しては摩擦力が変位と同じ方向に働くので仕事 > 0）．求めたいのは，台に対する物体の動き，つまり差 $d - d'$ である．以上の式を使うと

$$\begin{aligned}F(d-d') &= -\tfrac{1}{2}mV^2 + \tfrac{1}{2}mv^2 - \tfrac{1}{2}MV^2 \\ &= \tfrac{1}{2}mv^2 - \tfrac{1}{2}(M+m)\bigl(\tfrac{m}{M+m}\bigr)^2 v^2 = \tfrac{Mm}{2(M+m)}\,v^2\end{aligned}$$

右辺を F で割ったものが答えである．

第5章 エネルギーと運動量

応用 5.7 （台も動く3） 前問 5.6 と似た状況だが，台が動くと台と床の間には摩擦力が働くとする．全体としてどのような動きをするかを説明せよ．また，物体と台が一体となって動き始めたときの速さ V を求めよ．ただし台の上面と下面での摩擦力の大きさをそれぞれ F, F' とする （$F > F' > 0$）．

考え方 前問の場合と異なり運動量保存則は使えない．その代わりに力積を使う．等加速度運動の問題として考えても同じである（力が一定ならば，力積の公式も等加速度運動の式も，実質的な意味は変わらない）．

応用 5.8 （放物物体のエネルギー） 図のように，高さ h の位置に最初は静止していた質量 m の物体が，スロープを滑って飛び出す．飛び出した位置の高さは h' であり，そこでの斜面の角度を θ とする．また滑っているときの摩擦力は無視できるものとする．

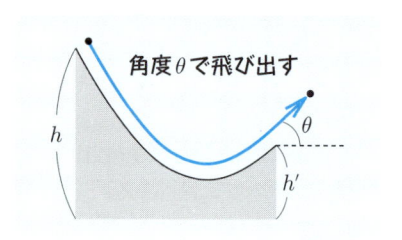

(a) 飛び出したときの速さ v_0 を求めよ．
(b) 飛び出した後の最高点の高さ h'' を求めよ．

考え方 第2章でも説明した放物運動の問題なので，そこで書いた公式を使ってもいい．しかしここでは時間を問題にしていない（たとえば，物体はいつ最高点に達するかといった質問はしていない）ので，エネルギー保存則を使えばもっと簡単に答えが得られることを示そう．

ただ，1つ注意が必要である．摩擦力は無視できるとしたのでエネルギー保存則は使えるが，この問題では物体は2次元的な運動をしているので

力学的エネルギー ＝ 垂直方向の運動エネルギー
　　　　　　　　＋水平方向の運動エネルギー＋位置エネルギー

となる．つまり最高点まで上がったとき，垂直方向の運動エネルギーはゼロになるが，水平方向の運動エネルギーはなくならない．その分だけ，最高点の位置は低くなる．

第 5 章　エネルギーと運動量

答 応用 5.7　台が引きずられて動くと，物体と台はしだいに一体になって動くようになるという点は前問と変わらない．しかし床と台との間に摩擦力が働くので，その動きも結局は止まる．物体の運動量は上面での摩擦力による力積の分だけ減り，結局はゼロになる．運動エネルギーも，上面での摩擦力による仕事の分だけ減り，結局はゼロになる．台の運動量は両面での摩擦力による力積や仕事の分だけ変化し（最初は増加，両者が一緒に動くようになってからは減少），最終的にはゼロになる．

次に V を求めよう．一体となって動き始めるまでの時間を Δt とすると，力積の関係 (5.3) は，物体および台についてそれぞれ

$$mV - mv = -F\Delta t, \qquad MV - 0 = (F - F')\Delta t$$

となる（摩擦力が運動方向に働いているのか逆方向に働いているのかに注意すること）．この 2 式から Δt を消去すれば

$$V = mv\frac{F-F'}{m(F-F')+MF}$$

動いた距離については，前問と同様に仕事の関係式を使えば計算できる（上式を見ると，$F < F'$ ならば $V < 0$ になるが，全体が逆方向に動き出すはずがない．計算の何が問題だったのか．そもそも $F < F'$ になりうるのかを考えよ）．

答 応用 5.8　(a) 出発点での力学的エネルギーは位置エネルギー mgh のみである．飛び出し点での位置エネルギーは mgh'．その差が，飛び出し点での運動エネルギーなので，エネルギー保存則より

$$mgh = \tfrac{1}{2}mv_0^2 + mgh' \quad \to \quad v_0 = \sqrt{2g(h-h')}$$

(b) 飛び出したときの水平方向の速さは $v_0\cos\theta$．その後は水平方向には等速で運動するので，水平方向の運動エネルギーは変わらない．

$$\text{水平方向の運動エネルギー} = \tfrac{1}{2}m(v_0\cos\theta)^2 = mg(h-h')\cos^2\theta$$

したがって，最高点でのエネルギーの関係式は（垂直方向には瞬間的に静止しているので）

$$\underset{\text{(全エネルギー)}}{mgh} = \underset{\text{(水平方向の運動エネルギー)}}{mg(h-h')\cos^2\theta} + \underset{\text{(最高点での位置エネルギー)}}{mgh''}$$

$$\to \quad h'' = h - (h-h')\cos^2\theta$$

（この h'' が $h > h'' > h'$ の関係を満たしていることを確かめよ）．

応用 5.9 （1周するコースター） ジェットコースター（ローラーコースター）には，ループコースターと呼ばれる，垂直に立ったループを360°回転するものがある．垂直に立った大きな円の内側をコースターの車両が勢いをつけて上がっていく．十分な勢いがあればうまく1周できるだろうが，勢いが弱いと，どこかで落下してしまうかもしれない．どの程度の勢いで出発すれば，無事に1周回れるだろうか．

(a) 円の半径を r としたときの，1周するために必要な最下点の速度 v_0 を求めよ．ただし摩擦力は無視できるとしてよい（車両の質量は答えには影響しないが，必要ならば m で表せ）．最高点でもレールから離れないという条件を計算すればよい．

考え方 1 （いくら勢いがあっても）まっさかさまになる最高点で落下しないことが，感覚として信じられないという人もいるだろう．しかし87ページでも指摘したように，レールに沿った円運動自体が中心方向への落下運動なのである．その落下の加速度は $\frac{v^2}{r}$ であり，速さ v が大きいほど大きい．その落下が重力による落下よりも速ければ，車両はレールからは離れない．

たとえば手のひらに物をのせて手を裏返せば物は落ちるだろう．しかし同時にその手を素早く下に振りおろせば，振りおろしている間はその物体は手のひらから離れられない．手のひらの振りおろしの加速度が重力加速度よりも大きいという関係が，離れない条件となる．

(b) 最高点に達したとして，そこでは車両はどれだけの垂直抗力をレールから受けているか．それはどちら向きか．

(c) 車両は円の外の高い位置から滑りだすとする．円を1周できるには，最初の位置は半径 r の何倍なければならないか．

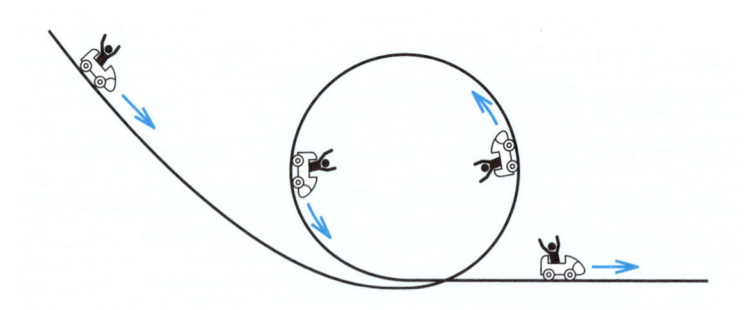

考え方 2 このような問題で，車両が時間とともにどのように動くかを求めるのは難しい（等速円運動でも等加速度運動でもない）．しかしこの問題では，エネルギー保存則が使える．この法則が使えるためには外力による仕事がゼロでなければならない

(式 (5.11) より). 摩擦力は無視できるとしたが, この車両はレールから垂直抗力も受けている. しかし垂直抗力の方向は物体の動きとは垂直である. 垂直抗力の方向には物体は変位していないので, 仕事はゼロになる（基本問題 5.4 も参照）. したがって, 円の最下部でのエネルギーがわかれば, 保存則より, 最上部での速さもわかる. ●

答 応用 5.9 (a) まず仮に, この車両が落下せずに最上部にたどり着いたとして, そのときの速度 v を求めよう. エネルギー保存則より（最下部での速度は v_0, 最上部の高さは $2r$）

$$\frac{1}{2}mv^2 + 2mgr = \frac{1}{2}mv_0^2 \quad \to \quad v^2 = v_0^2 - 4gr \qquad (*)$$

円運動の加速度は $\frac{v^2}{r}$ なので, それが重力による加速度よりも g より小さくないという条件は

$$\frac{v^2}{r} = \frac{v_0^2 - 4gr}{r} \geqq g \quad \to \quad v_0^2 \geqq 5gr \qquad (**)$$

(b) 最高点では車両に重力と垂直抗力が下向きに働いているから

$$\text{向心力}\left(\frac{v^2}{r}\right) = \text{垂直抗力} + \text{重力}\,(mg)$$

向心力の方向, つまり下向きをプラスとする. 式 $(*)$ も使って

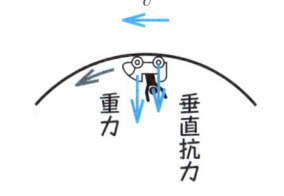

$$\text{垂直抗力} = \frac{mv^2}{r} - mg$$
$$= m(v_0^2 - 5gr)$$

垂直抗力は最高点では下向き（プラス）でなければならないが, 式 $(**)$ が満たされていればそうなっている.

(c) 出発点の高さを h とすれば, エネルギー保存則より

$$mgh = \frac{1}{2}mv_0^2 \geqq \frac{5}{2}mgr \quad \to \quad h \geqq \frac{5}{2}r$$

半径の 2.5 倍, 直径より少し上ということになる. ただし実際には摩擦が働くので, もっと上から出発しないとうまく回らないだろう.

応用 5.10 （1周しないコースター）
初速度 v_0 が前問で求めた条件を満たしていない場合，車両は（安全装置が付いていなければ）途中でレールから離れて落ちてくるかもしれない．どのようなときに，どのあたりから落ちてくるかを考えてみよう．

(a) 前問と同様に，コースターの半径を r とし，最下点での速さを v_0 とする．車両が最下点から角度 θ の位置にあるときの速さ $v(\theta)$ を求めよ．

(b) 車両がその位置にあるとき，車両がレールから受ける垂直抗力を求めよ（前問 (b) を参考にして考えよ）．

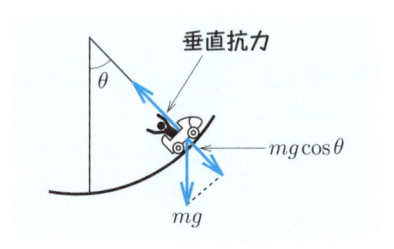

(c) v_0 が小さい場合，2つの可能性が考えられる．

① 車両は途中まで上がってあと戻りする（その場合は $\theta < \frac{\pi}{2}$）．

② 車両は途中でレールから離れて落ちる（離れる地点は $\theta > \frac{\pi}{2}$）．

どこであと戻りするか，あるいはどこで落ちるかは何によって決まるか．

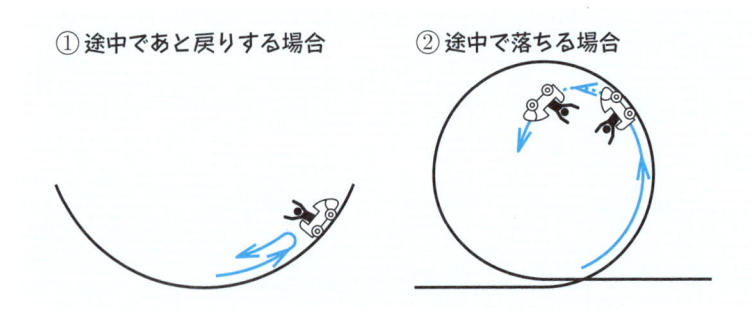

応用 5.11 （万有引力をふり切って）
地表上から物体（宇宙船）を宇宙に向かって打ち出す．空気抵抗は無視できるとして，どれだけの速さで打ち出せば，地球に引き戻されずに宇宙に脱出できるか（打ち上げた後は何も燃料は使わないものとする）．地球の半径を 6400 km として計算せよ．

第 5 章 エネルギーと運動量

答 応用 5.10 (a) 前問と同様にエネルギー保存則から求める．角度 θ の位置にあるときの車両の（最下点から測った）高さは $r(1-\cos\theta)$ なので

$$\tfrac{1}{2}mv_0{}^2 = \tfrac{1}{2}mv(\theta)^2 + mgr(1-\cos\theta)$$
$$\to \quad v(\theta)^2 = v_0{}^2 - 2gr(1-\cos\theta)$$

(b) 円の中心方向を向く力が向心力 $\frac{v^2(\theta)}{r}$ になっていなければならない．垂直抗力（N とする）はもともと中心方向を向いているが，重力はそうではない．重力の中心方向の成分は，外向きに $mg\cos\theta$．つまり

$$\tfrac{mv^2(\theta)}{r} = N(\theta) - mg\cos\theta$$
$$\to \quad N(\theta) = \tfrac{mv^2(\theta)}{r} + mg\cos\theta = \tfrac{mv_0{}^2}{r} + mg(3\cos\theta - 2)$$

$\theta > \frac{\pi}{2}$ のときも式は変わらない．$\cos\theta < 0$ になるので重力の中心方向の成分は内向きになる．

(c) 垂直抗力はレールが車両を押す力だからプラスでなければならない．ある角度で $N(\theta) < 0$ になったとしたら，そもそも車両がその角度で，レールの上に乗っているという仮定が間違っていることになり，問題の 2 つの可能性のどちらかが起きている．

まず $N(\theta) = 0$ となる角度が $0 < \theta < \frac{\pi}{2}$ だったら，車両が落ちるはずはないので①の場合に相当する．エネルギー保存則から，車両がどこまで上がるかが決まる．$N(\theta) = 0$ となる角度が $\frac{\pi}{2} < \theta < \pi$ だったら，その角度で車両がレールから離れることを意味する（エネルギーは足りていることが証明できる）．

答 応用 5.11 最初の勢いだけで動き続けるのだから，エネルギー保存則が成り立つ．無限の遠方まで到達するために必要なエネルギーを考えよう．式 (5.6) を使うとすれば，無限の遠方での位置エネルギーはゼロである．一方，地表上での位置エネルギーはマイナスなので，それを補うだけの運動エネルギーを与えなければならない．

出発するときに必要な速度を v とする．また物体の質量を m，地球の質量と半径をそれぞれ M および R とすれば，全力学的エネルギーがゼロ以上という条件は

$$\tfrac{1}{2}mv^2 - G\tfrac{Mm}{R} \geq 0 \quad \to \quad v \geq \sqrt{\tfrac{2GM}{R}}$$

重力加速度 $g = \frac{GM}{R^2}$（$\fallingdotseq 10\,\mathrm{m/s^2}$）を使えば

$$v \geq \sqrt{\tfrac{2GM}{R}} = \sqrt{2gR} \fallingdotseq 11\,\mathrm{km/s} \quad (\fallingdotseq 41{,}000\,\mathrm{km/時})$$

応用 5.12 （衝突の後1）
質量 m と M の物体（それぞれ A, B とする）が1本の直線上を運動しており，正面衝突する．衝突後も同じ直線上を運動しているとする．衝突前の速度を v, V としたとき，衝突後の速度 v', V' を求めよ．はね返り係数を e とし，質量の比を $\frac{m}{M} = k$ として計算せよ（速度は常に，この直線の右方向に動いている場合をプラスとする．逆方向に動いている状況も，速度はマイナスだが同じ式によって表されるので，計算のときにはどちらに動いているか考慮する必要はない）．

考え方 運動量保存則と e の定義 (5.12) を使って，連立方程式を解く．$e = 1$ とは限らない一般的な衝突（保存力ではない内力が働く）の計算なので，エネルギー保存則は使えない．

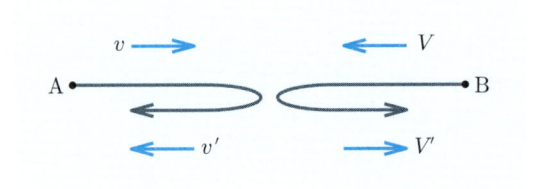

応用 5.13 （衝突の後2）
上問で，物体 A が，静止している物体 B に衝突する場合を考える（$v > 0$, $V = 0$）．次のそれぞれの場合に，衝突後，物体 A と B はどのように振る舞うか．上問の答えの式を見ながら言葉で説明せよ．

(a) 弾性衝突（$e = 1$）で，$k = 1$（重さが同じ）
(b) 弾性衝突（$e = 1$）で，$k < 1$（A のほうが軽い）
(c) 弾性衝突（$e = 1$）で，$k > 1$（A のほうが重い）
(d) 非弾性衝突（$e < 1$）で，$k < 1$（A のほうが軽い）
(e) 非弾性衝突（$e < 1$）で，$k > 1$（A のほうが重い）

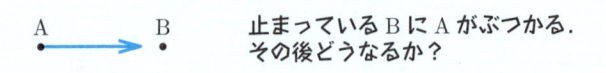

考え方 後半の問題の $e \to 1$ の極限を考えれば前半の答えが得られるが，まず弾性衝突の場合のイメージを頭に刻み込もう．弾性衝突が衝突の基本である．

第 5 章　エネルギーと運動量

答 応用 5.12　解くべき式は（左ページの図では $V<0,\ v'<0$）

$$\text{運動量保存則：}\quad kv + V = kv' + V'$$

$$\text{はね返り係数：}\quad e(V-v) = v' - V'$$

この 2 式を連立させて v', V' を求める．両式の各辺を足して V' を消去すると

$$e(V-v) + kv + V = (1+k)v' \quad \to \quad v' = \tfrac{1}{1+k}\{(1+e)V + (k-e)v\} \quad (*)$$

同様にして

$$V' = \tfrac{1}{1+k}\{(1-ek)V + k(1+e)v\} \quad\quad\quad (**)$$

答 応用 5.13　(a)〜(c)　上問の答えに $e=1,\ V=0$ を代入すると

$$v' = -\tfrac{1-k}{1+k}\,v, \quad\quad V' = \tfrac{2k}{1+k}\,v$$

$k=1$ ならば $v'=0$ で $V'=v$．つまり A は停止し，B が A の最初の速度で動き始める．つまり B が A にそっくり代わって動く．

$k\neq 1$ ならば $v'\neq 0$ だが，v' の正負は k が 1 以上か 1 未満か，つまりどちらの物体の質量が大きいかで決まる．物体 A のほうが軽ければ $v'<0$．つまりはね返る．A のほうが重ければ，速さは減るが，プラスの方向に動き続ける．

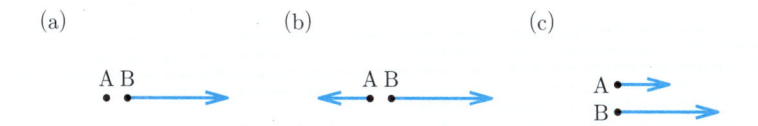

(a)　A B →　A は止まって B が動く

(b)　← A B →　A がはね返る

(c)　A → B →　A も B も右に動く

(d)〜(e)　上問の答えに $V=0$ を代入すると

$$v' = \tfrac{k-e}{1+k}\,v$$

$1>e\geqq 0$ なので，A のほうが重ければ，つまり $k>1$ ならば（したがって $k-e>0$），A は必ずプラスの方向に動き続ける．A のほうが軽い場合（$k<1$），はね返るかどうかは k と e の大小関係で決まる．e が 1 に近い（弾性衝突に近い）と，はね返る可能性が大きい．e がゼロに近い（完全非弾性衝突に近い）と，A はプラスの方向に動き続ける可能性が大きい．すべて，当然だと感じられるだろうか．

応用 5.14 (地球は動くか) 前問の続きとして，物体Bが非常に重いという場合の衝突を考える．応用問題 5.12 で $k \fallingdotseq 0$ のケースである．イメージとしては，通常の物体Aが，地球，あるいは地球に固定された何らかの物体と衝突するというケースに相当する．物体Bのほうが非常に重いので，ほとんど動きに変化はないはずである．保存則を考えるとき，Bの運動量やエネルギーの変化を考慮する必要があるか，次の場合に，応用問題 5.12 の答えを使って確かめてみよ．
(a) $V=0$ の場合（地球が静止して見える基準で考えることに相当する）
(b) $V \neq 0$ の場合（たとえば，地球に固定された壁に物体Aが衝突するという現象を，地球の自転や公転の動きも考えて考察するという場合に相当する）

類題 5.3 質量が m と M の2つの物体AとBが，距離に関係のない力 F で引き付け合っている．$t=0$ ではどちらの速度もゼロ，そして $x=0$, $X=R$ だったとする（それぞれの物体の量を小文字と大文字で区別する）．そのとき，その後の位置と速度は次の式で表される．

$$\text{物体A：} \quad v = \frac{F}{m}t, \quad x = \frac{1}{2}\frac{F}{m}t^2$$
$$\text{物体B：} \quad V = -\frac{F}{M}t, \quad X = -\frac{1}{2}\frac{F}{M}t^2 + R$$

(a) この2物体の距離が d のとき，この位置関係から決まる位置エネルギーは Fd であることを示せ（$d=0$ の場合を基準，つまり位置エネルギー $=0$ とする）．
(b) これを使って，この2物体の全力学的エネルギーの和が保存していることを示せ．
(c) Bの質量が圧倒的に大きいとき（$M \to \infty$ のとき），エネルギーはどのように分配されているかを説明せよ．

応用 5.15 (位置エネルギーと微積分) (a) 式 (5.7) で，位置エネルギーと力は微分で関係づくと説明した．この式を式 (5.5) および式 (5.6) の場合に確かめよ．
(b) 式 (5.7) によれば，F を積分すると U が求まるはずである．それを確かめよ．
(c) これまで位置エネルギーは仕事から求めてきたが，それが問 (b) の積分と同じであることを説明せよ．

第 5 章　エネルギーと運動量

答 応用 5.14 (a) $V=0$ を応用問題 5.12 の答えの式 $(**)$ に代入すると
$$V' = \frac{k(1+e)}{1+k}v = (1+e)\frac{m}{M+m}v$$
したがって物体 B の運動エネルギーは
$$\tfrac{1}{2}MV'^2 = \frac{(1+e)^2}{2m^2}\frac{M}{(M+m)^2}v$$
M が非常に重い ($M \to \infty$) とすると，この式はゼロになる．しかし運動量はそうではない．
$$MV' = (1+e)\frac{Mm}{M+m}v \quad \to \quad (1+e)mv \quad (M \to \infty \text{ のとき})$$
であり，B の運動量は有限な変化をする．その変化が A の運動量の変化を打ち消して，全運動量は不変になる．

(b) $k \ll 1$ のとき応用問題 5.12 の答えの式 $(**)$ は，$\frac{1}{1+k} \fallingdotseq 1-k$ という近似式を使うと
$$v' \fallingdotseq -ev + (1+e)V, \qquad V' \fallingdotseq V + k(1+e)(v-V)$$
と書ける．ただし v' では k がかかる項はすべて無視し，V' では k の 1 次の項までを残した（V' には後で M を掛けることになるので）．

B の運動量の変化 ($MV' - MV$) が $k \to 0$ の極限でも無視できないことはすぐにわかるが，B のエネルギーの変化も無視できない．実際，この極限で
$$\tfrac{1}{2}MV'^2 - \tfrac{1}{2}MV^2 \fallingdotseq m(1+e)V(v-V) \neq 0 \quad (V \neq 0 \text{ のとき})$$
地球が関係する問題を考えるときは，地球が静止して見える基準で考えるのが無難だということである．それでも地球を無視すると運動量保存則は役立たないが．

答 応用 5.15 (a) 式 (5.5) の場合，$F = -\frac{d(mgx)}{dx} = -mg$ で正しい（マイナスが付くのは，力が x のマイナス方向だから）．

式 (5.6) の場合，$F = -\frac{d}{dr}\left(-G\frac{Mm}{r}\right) = -G\frac{Mm}{r^2}$ で正しい（マイナスが付くのは，力が r の小さい方向を向いているから）．

(b) 位置 x での $U(x)$ を求めるには，基準点（$U=0$ の位置）から x まで $-F$ を積分すればよい．
$$\int_0^x (+mg)\,dx' = mgx$$
$$\int_\infty^r \left(+G\frac{Mm}{r'^2}\right)dr' = \left[-G\frac{Mm}{r'}\right]_\infty^r = -G\frac{Mm}{r}$$

(c) $-F$ とは，力 F にさからって物体を動かすのに必要な外力の大きさなので，それに変位を掛けて足し合わせる（積分する）のは，まさに仕事の計算である．

第6章 単振動

> **ポイント**

● **復元力（弾性力）** 力を加えられて変形した物体が，元に戻ろうとして押し返す力．元に戻ろうとする性質を弾性といい，復元力は弾性力ともいう．変形が小さいときは，復元力は変形の大きさに比例することが多い（フックの法則）．

● **バネの力** フックの法則が成立すれば，バネの長さが自然長（力が加わっていないときの長さ）から x だけ変化したとき，復元力は x に比例する．

$$F = -kx \tag{6.1}$$

比例係数 k をバネ定数という．$x > 0$ のとき力はマイナス方向，$x < 0$ のときは力がプラス方向．つまりバネの変形と力の方向は逆向きになる．

● **単振動** 変形の大きさ（あるいはつり合いの点からの変位）に比例する復元力によって引き起こされる往復運動．バネの先に付けた物体の往復運動など．**振り子**の左右への振れも（振れの角度が小さければ）単振動になる．

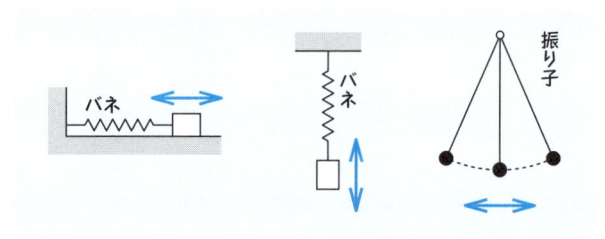

● **単振動のグラフ** 単振動は行ったり来たりの周期的な運動であり，右のようなグラフで表される．
1往復する時間が**周期**，単位時間当たりの往復回数を**振動数**（周期の逆数），振れの幅を**振幅**という．

● **単振動の式** 上のグラフは次の形の式で表される（A と θ_0 は任意の定数）．

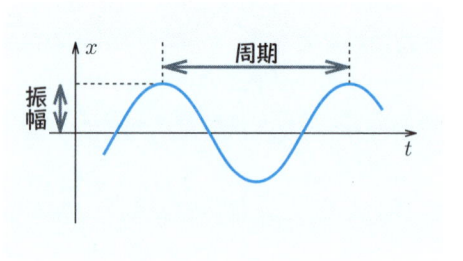

$$x(t) = A\sin(\omega t + \theta_0) \tag{6.2}$$

第6章 単振動

上の $x(t)$ は A と $-A$ の間を往復するので，A が振幅になる．また，三角関数 $\sin\theta$ で θ は位相といわれており，$t=0$ での位相を表す θ_0 を**初期位相**という．

位相が 2π 変わると $\sin\theta$ は1往復するので，式 (6.2) では t が $\frac{2\pi}{\omega}$ 増えると1往復になる．つまり

$$\text{周期}\,(T) = \frac{2\pi}{\omega}, \qquad \text{振動数}\,(f) = \frac{1}{T} = \frac{\omega}{2\pi} \tag{6.3}$$

振動数 f は単位時間当たり（t が1だけ変化したとき）の往復回数である．$\omega = 2\pi f$ は，単位時間当たり位相がどれだけ変わるかを表す．式 (6.2) で位相は角度を表しているわけではないが，習慣で ω を**角振動数**という．

式 (6.2) は次の形にも書き換えられる．ここでは B と C が任意の定数である．

$$x(t) = B\sin\omega t + C\cos\omega t \tag{6.2'}$$

● **単振動の速度** $x(t)$ を t で微分したものが単振動の速度である．

$$\text{速度：} \quad v(t) = \frac{dx}{dt} = A\omega\cos(\omega t + \theta_0) \tag{6.4}$$

$$= B\omega\cos\omega t - C\omega\sin\omega t \tag{6.4'}$$

速度は位置の振幅の ω 倍の振幅で増減しており，その振動は4分の1周期ずれている（$\cos(\omega t + \theta_0) = \sin(\omega t + \theta_0 + \frac{\pi}{2})$）（理解度のチェック 6.2）．

● **運動方程式** 力 (6.1) を受けている物体の運動方程式は

$$ma = m\frac{d^2x}{dt^2} = -kx \tag{6.5}$$

この式はしばしば ω という数を導入して，次のように書く．

$$a = \frac{d^2x}{dt^2} = -\omega^2 x \quad \text{ただし} \quad \omega = \sqrt{\frac{k}{m}} \tag{6.6}$$

この ω は式 (6.2) の ω に一致する（基本問題 6.1 参照）．

振り子の振動も，振れの角度が小さければ上式と同じ形の式で表され

$$\omega = \sqrt{\frac{g}{l}} \tag{6.7}$$

となる．ただし l は振り子の長さ．g は重力加速度（基本問題 6.8）．

● **位置エネルギー** 力 (6.1) に対応する位置エネルギー（バネによる位置エネルギー）は，$x=0$ を基準点とすると

$$U(x) = \tfrac{1}{2}kx^2 = \tfrac{1}{2}m\omega^2 x^2 \tag{6.8}$$

これはバネと両端に付いている物体からなる系の位置エネルギーである（重力による位置エネルギーが物体と地球からなる系のエネルギーであるのと同様）．

理解度のチェック

理解 6.1 $x(t)$ が下の図で表されるような振動を考える．下記の条件に当てはまる位置を，A から E のうちから選べ．正解は複数のときもある．
(a) 速さが最大，(b) 速さが最小（ゼロ），(c) 速度が最大，(d) 速度が最小

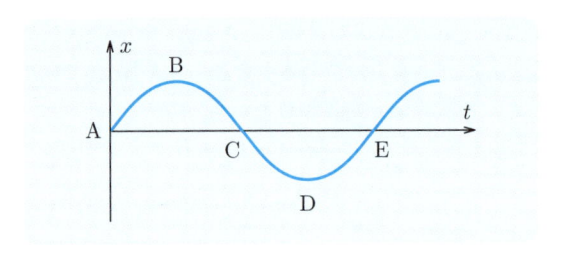

理解 6.2 上問の答えを参考にしながら，上の図で表される単振動の vt 図を描け（A〜E の記号を付けること）．

理解 6.3 物体を付けたバネの振動の振動数は，バネ定数を大きくすると増えるか減るか．物体の質量を大きくすると増えるか減るか（ポイントの公式を見ずにまず直観的に考えてから，公式を見て確認せよ）．

理解 6.4 振り子の振動数は，振り子を長くすると増えるか減るか．付けた物体の質量を大きくすると増えるか減るか．月面にもっていくと増えるか減るか（ポイントの公式を見ずにまず直観的に考えてから，公式あるいは解答を見て確認せよ）．

理解 6.5 単振動の振動数（周期）は振幅に依存しない．その直観的理由を述べよ（振り子の場合はこれを**等時性**という．ガリレオが，教会に吊るしてある多数のランプが同じ周期でゆれるのを観察して発見したと言われている）．

理解 6.6 (a) バネ定数の次元は $F = -kx$ という式からは「力の次元÷長さ」となるが，これが SI 単位系では kg/s^2 になることを示せ．
(b) 式 (6.6) の ω の次元が時間の逆数になることを示せ．

第6章 単振動

答 理解 6.1 速度とは xt 図のグラフの各点での傾きであり，速さとはその絶対値である．
(a) A, C, E　(b) B, D　(c) A, E　(d) D（速度は負）

答 理解 6.2 vt 図は，xt 図を4分の1周期だけ左にずらした三角関数で表される．

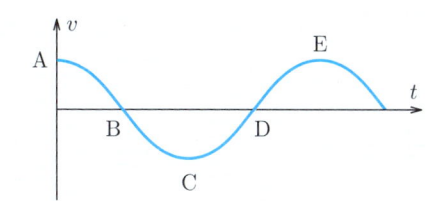

答 理解 6.3 バネ定数を大きくすれば復元力が大きくなるのだから，振動は速くなる（振動数は増える）．質量を大きくすれば慣性が大きくなる（速度を変えにくくなる）のだから，振動は遅くなる（振動数は減る）．式(6.7)を参照．

答 理解 6.4 振り子を長くすると，物体は振れ角は同じでも長い距離を移動しなければならないので，振動数は減る．物体の質量を大きくしても振動数は変わらない（慣性が増える効果と重力が増える効果が打ち消し合う…自由落下の加速度は質量に依存しないのと同様）．月面にもっていくと，重力が減るので振動数も減る．

答 理解 6.5 振幅が大きいと，中心からのずれ x も平均的に大きくなるのだから，復元力も大きくなる．したがって加速度が大きくなり速さも増える．移動距離は長くなるが動きが速くなるので，効果が相殺して周期が変わらない．数学的に説明すると，式(6.6)は両辺とも x について1次式なので（線形であるという），x を何倍しても等号には影響しないからである．

答 理解 6.6 (a) 最初からSI単位系で考えると，力の次元の単位は $N = kg \cdot m/s^2$．これを m で割れば kg/s^2 となる．
(b) $\frac{k}{m}$ の単位は $kg/s^2 \div kg$ だから，その平方根は s^{-1} となる．ω は単位時間当たりの位相の変化になるので，次元が時間の逆数になるのは当然である（位相は無次元）．

第 6 章 単 振 動

基本問題

※類題の解答は巻末

基本 6.1 式 (6.2) が単振動の運動方程式 $a = \frac{d^2x}{dt^2} = -\omega^2 x$ の解になっていることを確かめよ ($\frac{d\sin\theta}{d\theta} = \cos\theta$, $\frac{d\cos\theta}{d\theta} = -\sin\theta$ が基本).

基本 6.2 バネに質量 100 g の物体を付けてぶら下げたら，ぶら下げる前に比べて 10 cm 伸びて物体が静止した．このバネのバネ定数を求めよ．

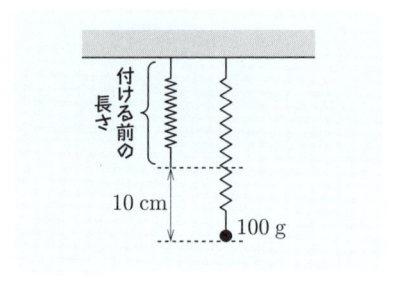

基本 6.3 バネの先端に質量 m の物体をぶら下げる．この物体の上下運動は運動方程式 (6.5) で表されることを示せ．この場合，x は何を表しているか．

類題 6.1 ぶら下げたバネにそっと質量 m の物体を付けて手を離した．その物体はその後，どのような運動をするか．

類題 6.2 バネに物体を付けてぶら下げた系は，重力による位置エネルギーとバネの力による位置エネルギーをもつ．その合計が最小になる位置はどこか．

注 位置エネルギーが最小になるのはつり合いの位置だから，計算しなくても答えはわかるが，実際にそうなることを確かめよう．

基本 6.4 バネに付けられた物体が $x(t) = A\sin\omega t$ という運動をしているとする．
(a) 運動エネルギーと位置エネルギーを計算し，全力学的エネルギーが一定であることを確かめよ（速度はすでに基本問題 6.1 で求めた）．
(b) 初速度はいくつか．
(c) $t = 0$ 以降で初めて速度がゼロになるのはいつか（周期 T の何分の 1 か）．
(d) $t = 0$ 以降で初めて初速度の半分になるのは T の何分の 1 か．
(e) $t = 0$ 以降で初めて運動エネルギーが最初の半分になるのは T の何分の 1 か．

第 6 章 単 振 動

答 基本 6.1 式 (6.2) を t で微分すれば速度 v, もう一度微分すれば加速度 a になる. $v(t) = A\omega\cos(\omega t + \theta_0)$, $a(t) = -A\omega^2\sin(\omega t + \theta_0)$. この a を使えば式 (6.6) が満たされていることがわかる.

答 基本 6.2 物体には下向きに重力, 上向きにバネの力がかかってつり合っている. この関係を通常の記号を使って表せば

$$kx = mg \quad \to \quad k = \tfrac{mg}{x} = 0.1\,\mathrm{kg} \times 10\,\mathrm{m/s^2} \div 0.1\,\mathrm{m} = 10\,\mathrm{kg/s^2}$$

答 基本 6.3 まず縦方向の座標を X で表し, 上向きをプラスとする. 物体を付けない状態でのバネの先端の位置を $X = 0$ とする. 物体の位置座標が X である場合, X がバネの自然長からのずれを表す. そのときに物体にかかっている力 F は

$$F = -kX - mg = -k\left(X + \tfrac{mg}{k}\right)$$

ここで, $F = -kx$ と書けるように, 新しく x という座標を

$$x \equiv X + \tfrac{mg}{k}$$

と定義する. x は X と比べて原点を下に $\tfrac{mg}{k}$ だけずらした座標, つまり重力とバネの力がつり合う位置 ($X = -\tfrac{mg}{k}$) を原点 ($x=0$) とした座標に他ならない. x と X は一定値ずれているだけなので, 物体の加速度 (位置座標の 2 階微分) はどちらで計算しても変わらない. したがって式 (6.5) が成り立つ.

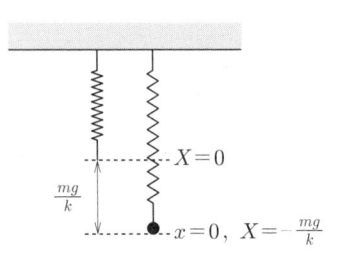

答 基本 6.4 (a) $v = \tfrac{dx}{dt} = A\omega\cos\omega t$ より

$$\text{運動エネルギー} = \tfrac{1}{2}mv^2 = \tfrac{1}{2}mA\omega^2\cos^2\omega t$$
$$\text{位置エネルギー} = \tfrac{1}{2}kx^2 = \tfrac{1}{2}kA^2\sin^2\omega t$$

$k = m\omega^2$ なので, 全力学的エネルギー $= \tfrac{1}{2}kA^2$ (定数).
(b) $t=0$ より $v = A\omega$ (c) $\omega t = \tfrac{\pi}{2}$ より $t = \tfrac{\pi}{2\omega} = \tfrac{T}{4}$ (d) $\cos\omega t = \tfrac{1}{2}$ より $\omega t = \tfrac{\pi}{3}$. したがって $t = \tfrac{\pi}{3\omega} = \tfrac{T}{6}$ (e) $\cos^2\omega t = \tfrac{1}{2}$ より $\omega t = \tfrac{\pi}{4}$. したがって $t = \tfrac{\pi}{4\omega} = \tfrac{T}{8}$

第6章 単振動

基本 6.5 単振動の一般解 (6.2) あるいは (6.2′) は 2 つの任意定数を含んでいる．これらを決めるには条件が 2 つ必要である．以下の初期条件（$t=0$ での値）の場合にはこれらの任意定数はどうなるか．
(a) $x=0$, $v=v_0$（何らかの定数），(b) $x=x_0$（何らかの定数），$v=0$, (c) $x=x_0$, $v=v_0$, (d) $x=v=0$

考え方 このような条件の場合には，式 (6.2′) と式 (6.4′) を使った方が簡単である．

基本 6.6 式 (6.2) の A と θ_0 と，式 (6.2′) の B と C の間の関係を求めよ．

基本 6.7 (a) バネの一方を壁に固定し，長さを自然長から x だけ伸ばす．そのときにバネがもつエネルギーを仕事から求めよ．
(b) バネの両端をつかみ，自然長の状態からまず右側を x_1 伸ばし，その後で左側を x_2 伸ばしたとする．そのときにバネがもつエネルギーを仕事から求めよ．

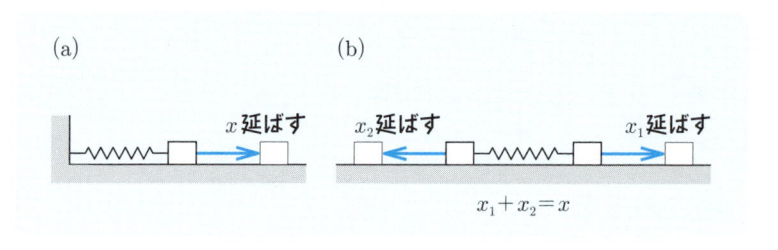

類題 6.3 上問 (b) で，左右を同時に等しく，$\frac{x}{2}$ ずつ伸ばしたら仕事はどうなるか．

基本 6.8 (a) 振り子を円運動の接線方向の運動だとみなし，運動方程式を求めよ．接線方向の加速度が接線方向の力に比例する（第 4 章のポイントも参照）．

考え方 力を中心方向と接線方向に分けると，接線方向をもつのは重力だけである．

(b) 振れ角が微小のとき，単振動の式になることを示せ．角振動数 ω が式 (6.7) になることを確かめよ（θ が微小のとき $\sin\theta \fallingdotseq \theta$ になることを使う）．

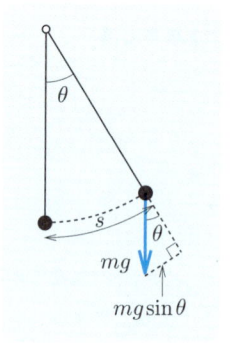

第 6 章　単　振　動　　　　149

答 基本 6.5　$\sin 0 = 0$, $\cos 0 = 1$ を使えばよい．(a) $x=0$ より $C=0$, $v=v_0$ より $B\omega = v_0$．(b) $C = x_0$, $B = 0$．(c) $C = x_0$, $B\omega = v_0$．(d) $B = C = 0$

答 基本 6.6　$A\sin(\omega t + \theta_0) = A\cos\theta_0 \sin\omega t + A\sin\theta_0 \cos\omega t$ より $B = A\cos\theta_0$, $C = A\sin\theta_0$．これらより $A = \sqrt{B^2 + C^2}$, $\tan\theta_0 = \frac{C}{B}$．

答 基本 6.7　(a)　バネの力に逆らって $x=0$ から x までバネを伸ばすには，最低限 $+kx$ の力が必要．したがってそれだけ伸ばすのに必要な仕事は

$$\text{仕事} = \int_0^x kx'\,dx' = \tfrac{1}{2}kx^2$$

（これまでの仕事の計算と違って力が一定ではないので，積分計算が必要．$U = -\frac{dF}{dx}$ という関係が成り立っていることも確認しておこう）．
(b)　右側を伸ばしたときの仕事 $= \int_0^{x_1} kx'\,dx' = \tfrac{1}{2}kx_1{}^2$．この状態では左側には kx_1 の力が働いている．この状態からさらに右側を x_2 伸ばすと，左側を伸ばしたときの仕事 $= \int_0^{x_2} k(x_1 + x')\,dx' = kx_1 x_2 + \tfrac{1}{2}kx_2{}^2$
合計すると

$$\text{仕事の合計} = \tfrac{1}{2}kx_1{}^2 + kx_1 x_2 + \tfrac{1}{2}kx_2{}^2 = \tfrac{1}{2}k(x_1+x_2)^2$$

結局，全体として x だけ伸ばしたときの仕事は $\tfrac{1}{2}kx^2$ となり問 (a) と変わらない．エネルギーが決まる力（保存力）に関しては，途中どのように変化させても全体の仕事は変わらないという仕事の原理の一例である．

答 基本 6.8　(a)　左ページの図のように，最下点から円周に沿って測った，重りの位置までの長さを s とする．接線方向の加速度はこの s の 2 階微分となるので，

$$m\frac{d^2 s}{dt^2} = -mg\sin\theta$$

(b)　$s = l\theta$ なので，$\sin\theta \fallingdotseq \theta = \frac{l}{s}$ であり，これを上式に代入して m で割れば

$$\frac{d^2 s}{dt^2} \fallingdotseq -\frac{g}{l}s$$

これを式 (6.6) と比較すれば，$\omega = \sqrt{\frac{g}{l}}$ となる．

注　垂直方向と水平方向に分けて考えることもできるが，近似方法が複雑になる．●

応用問題 ※類題の解答は巻末

応用 6.1 (バネにはさまれた物体) 平衡点（つり合いの位置）を中心とした微小な振動は一般に単振動となる．その角振動数は，平衡点から少しずれたときに物体に働く合力を求めれば得られる．例として下のようなシステムを考えよう．左右にバネ定数がそれぞれ k_1 と k_2 のバネがあり，その間に，質量 m の物体が付いている．左右の力がつり合っている位置を $x=0$ とする．

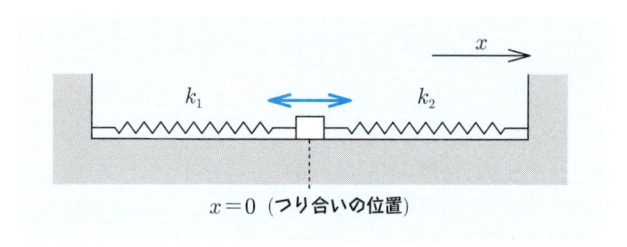

(a) $F = -kx$ によって表される力の場合，位置が Δx だけ変化すると力は常に $k\Delta x$ だけ変化する．そのことを使って，物体がつり合いの位置から x だけずれた位置で受ける力を求めよ．左右のバネのバネ定数をそれぞれ k_1, k_2 とする．

(b) この物体が単振動することを示せ．角振動数はどうなるか．

(c) 以上の結果より，この物体は，バネ定数が $k_1 + k_2$ のバネの力を受けているように振る舞うことがわかる．したがってこの系の位置エネルギーは

$$U = \tfrac{1}{2}(k_1+k_2)x^2 + 定数$$

となると推定される．このことを確かめよ．

考え方 平衡点でこれらのバネは自然長からそれぞれ l_1, l_2 だけ増えているとする（縮んでいるときはマイナス）．すると，物体が x の位置にあるときのバネの位置エネルギーはそれぞれ $\frac{k_1}{2}(l_1+x)^2$, $\frac{k_2}{2}(l_2-x)^2$ である．●

応用 6.2 基本問題 6.3 (バネを垂直にぶら下げて振動させる問題) について，上問と同様の考察をせよ．

(a) 導入した x という変数の意味と力
(b) 位置エネルギーの形

第6章 単振動

答 応用 6.1 (a) それぞれのバネによる力がどれだけ変化するかを考える．x だけずれれば（$x>0$ ならば右にずれる），左のバネは x だけ伸びるので，物体に働く力の変化は $-k_1 x$（$x>0$ ならば左向き）である．また右のバネは x だけ縮むので，物体に働く力の変化は $-k_2 x$（$x>0$ ならば左向き）である．したがって全体として，$-(k_1+k_2)x$ という力が生じる（つまりつり合いが破れる）．

(b) $m\frac{d^2x}{dt^2} = -(k_1+k_2)x$ となるので，角振動数は $\sqrt{\frac{k_1+k_2}{m}}$．

(c) **考え方** より位置エネルギーの合計は

$$\frac{k_1}{2}(l_1+x)^2 + \frac{k_2}{2}(l_2-x)^2$$

だが，$x=0$ のときにつり合っているとすれば $k_1 l_1 = k_2 l_2$ である．この関係を使って上式を計算すると，x の 1 次の項が打ち消し合って

$$上式 = \frac{k_1}{2}({l_1}^2+x^2) + \frac{k_2}{2}({l_2}^2+x^2) = （問題の式）$$

になる．

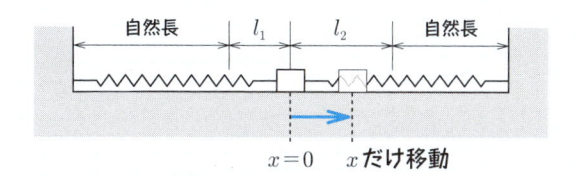

答 応用 6.2 (a) つり合いの位置は，バネが $\frac{mg}{k}$ だけ伸びた状態であり，そこからずれが x である．そのとき物体の受ける力は $-kx$ である．したがって，この物体は角振動数 $\sqrt{\frac{k}{m}}$ の単振動をする．

(b) 力が $-kx$ と書けるのだから，位置エネルギーは

$$\tfrac{1}{2}kx^2 + 定数$$

という形をすると予想されるが，これは類題 6.1 で確かめてある．

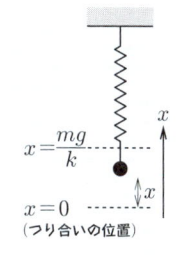

第6章 単振動

応用 6.3（バネをはさんだ2物体）　これまではほとんどのケースで，バネの一方の端は固定されているとしてきた．しかしバネの両端に物体がついていて，どちらも振動できるという状態もありうる．このようなケースで2物体はどのような運動をするだろうか．ポイントは，2物体をまとめて考えた<u>全体の動き</u>と，2物体の間での相手に対する動き（<u>相対的な動き</u>という）を分けて考えることである．次の例で具体的に考えてみよう．

バネの両端に同じ質量 m の物体が付けられ，摩擦のない台の上に置かれているとする．この2つの物体は，その物体が並ぶ方向だけに動くとする（たとえば溝の中に置かれていると考えればよい）．物体1の位置を x_1，物体2の位置を x_2 とし，このバネの自然長を l とする．

(a)　バネの自然長からの伸びは x_1 と x_2 を使ってどのように表されるか．
(b)　それぞれの物体の運動方程式を求めよ．
(c)　2物体の中心位置 $\frac{x_1+x_2}{2}$ に対する運動方程式を求めよ．その解はどのようになるか．
(d)　2物体の間隔 $x_1 - x_2$ に対する運動方程式を求めよ．その解はどのようになるか．
(e)　2物体の質量（m_1, m_2 とする）が異なる場合に，問 (c) に対応することはどうなるか．
(f)　同様に，問 (d) に対応することはどうなるか．

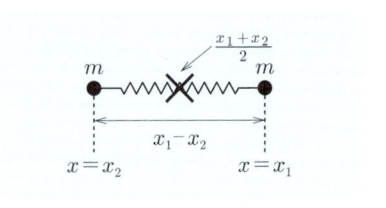

類題 6.4（単振動のエネルギー）　(a)　位置エネルギーが決まる系の全力学的エネルギーは一般に保存する．単振動も例外ではない（基本問題 6.4）が，さらに単振動のみで成り立つ重要な特徴がある．

$$\text{運動エネルギーの時間的平均} = \text{位置エネルギーの時間的平均}$$

この式を証明せよ．
(b)　上問（応用問題 6.3）では物体が2つあるが，それでも全力学的エネルギーが一定であることを確かめよ（$m_1 = m_2$ としてよい）．

第 6 章 単 振 動

答 応用 6.3 (a) $x_1 - x_2 - l$
(b) $m \frac{d^2 x_1}{dt^2} = -k(x_1 - x_2 - l)$, $m \frac{d^2 x_1}{dt^2} = +k(x_1 - x_2 - l)$
(c) 2 つの式を足せば
$$m \frac{d^2(x_1 + x_2)}{dt^2} = 0$$
これは運動量保存則 $m(v_1 + v_2) = $ 一定 を意味するが, $v_1 + v_2 = \frac{d(x_1 + x_2)}{dt}$ なのだから, 2 物体の中心 $\frac{x_1 + x_2}{2}$ の速度が一定であることを意味する.
(d) 2 つの式の差を取れば
$$m \frac{d^2(x_1 - x_2)}{dt^2} = -2k(x_1 - x_2 - l)$$
これは $x_2 - x_1 - l$ が $\omega = \sqrt{\frac{2k}{m}}$ の単振動をするという式である. 解は
$$x_2 - x_1 = l + A \sin(\omega t + \theta_0)$$
と書ける. 2 物体全体としては, 中心が等速運動をしながら, 座標の差は, 自然長を中心として単振動する.

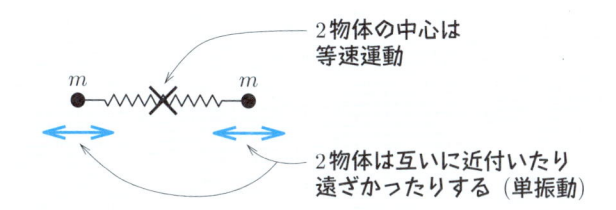

(e) 運動方程式は問 (b) の式の質量を m_1 と m_2 にすればよい. これを足せば
$$\frac{d^2(m_1 x_1 + m_2 x_2)}{dt^2} = 0 \quad \to \quad \frac{d(m_1 x_1 + m_2 x_2)}{dt} = \text{一定}$$
となる. 別の言い方をすると
$$\frac{m_1}{m_1 + m_2} x_1 + \frac{m_2}{m_1 + m_2} x_2$$
で表される位置 (2 物体の位置の, 質量で重みを付けた平均…重心) が等速運動することを意味する.
(f) $x_1 - x_2$ に対する式を得るには, 運動方程式を質量で割ってから差を取らなければならない. そのようにすると
$$\frac{d^2(x_1 - x_2)}{dt^2} = -k \left(\frac{1}{m_1} + \frac{1}{m_2} \right)(x_1 - x_2 - l)$$
となる. $\frac{1}{m_1} + \frac{1}{m_2} = \frac{1}{\mu}$ と書けば, $x_1 - x_2 - l$ は角振動数 $\sqrt{\frac{k}{\mu}}$ の単振動をする. μ は 2 物体の**還元質量**と呼ばれる量で, $\mu = \frac{m_1 m_2}{m_1 + m_2}$ である.

応用 6.4 (バネを動かす) 物理の問題はいくらでも複雑にすることができる．今度は，バネを手でもって動かしたときに物体がどのように動くかを考えよう．バネ定数 k のバネに質量 m の物体を付け，手でぶら下げ，つり合いの状態で物体を静止させる．そして時刻 $t = 0$ に，手を上方向に一定の速さ v で動かし始めた．物体は手と一緒に動くだろうか．バネの質量は無視できるものとする．まず，何が起こるかを考えてから，式を書いて計算せよ．

考え方 手が動き始めても物体はすぐには動かない（慣性）．したがってバネは伸びた状態になるので，物体は上向きに引っ張られるだろう．引っ張られてからどうなるか．その速さは手の速さに追い付き追い抜くだろうか．もし追い抜くとしたら，バネは逆に縮むことになるので，結局，この物体は振動し始める．●

類題 6.5 上問で手を加速度 a で上に動かしたときはどうなるか．ただし $t = 0$ の初速度はゼロとする（上問の解答で $\tilde{x} = x - \frac{1}{2}at^2 +$ 定数 という形にしてみよ）．

応用 6.5 (バネをゆらす…強制振動) 上問で，手を $X = X_0 \sin \omega t$ というように振動させた（X_0 と ω は何らかの定数であり，また $X = 0$ は，バネも物体も静止しているときの手の位置だとする．応用問題 6.4 の答えを参照）．バネにぶら下げた物体を，手でバネを動かして無理やり振動させるという状況である．物体は手の思い通りに振動してくれるだろうか．

(a) 物体の運動方程式を書け．
(b) $\tilde{x} = x + f(t)$ という変数を導入したときに，$\tilde{x}$ に対する式が単振動の式になるためには，$f(t)$ はどのような式を満たさなければならないか．
(c) $f(t)$ を，$\sin \omega t$ に比例していると仮定して求めよ（ただし $\omega^2 \neq \frac{k}{m}$ とする）．
(d) 結局，この物体はどのような運動をするかを言葉で説明せよ．

注 ここでは問うてはいないが，$\omega^2 = \frac{k}{m}$，つまり手の振動数とバネの振動数が一致すると共鳴（共振）という特別なことが起こり $f \propto t \cos \omega t$ としなければない．●

第6章 単振動

答 応用 6.4 手の位置を上向きをプラスとする X 座標で表し，動き始めた位置を $X = 0$ とする．時刻 t での手の位置は $X = vt$ となる．また物体の位置を，上向きをプラスとする x 座標で表し，$t = 0$ での位置を $x = 0$ とする．すると，つり合い状態と比較してのバネの伸びは $X - x = vt - x$ なので，物体の運動方程式は

$$ma = m\frac{d^2x}{dt^2} = k(vt - x)$$

バネが伸びているときは力は上向きなので，右辺の符号はプラスでなければならない．この式の解 x を求めるのだが，ちょっとした工夫をしよう．まず新しい座標 $\tilde{x}$ を次のように定義する．

$$\tilde{x} \equiv x - vt$$

$\tilde{x}$ と x の2階微分は同じなので（vt の2階微分はゼロ），運動方程式は

$$m\frac{d^2\tilde{x}}{dt^2} = -k\tilde{x}$$

これは $\omega = \sqrt{\frac{k}{m}}$ の単振動の式なので解はわかっている．一般的な解は

$$x = vt + \tilde{x} = vt + A\sin(\omega t + \theta_0)$$

と書けるが，ここでは初期条件が $t = 0$ で $x = \frac{dx}{dt} = 0$ なので

$$A\sin\theta_0 = v + A\omega\cos\theta_0 = 0$$

これより，$\theta_0 = 0$, $A = -\frac{v}{\omega}$ となり，

$$x = vt - \frac{v}{\omega}\sin\omega t$$

となる．この答えは，物体も平均として速度 v で上に動くが（右辺第1項），動きながら単振動する（第2項）ことを意味する．

答 応用 6.5 (a) $ma = m\frac{d^2x}{dt^2} = k(X - x) = kX_0\sin\omega t - kx$

(b) $x = \tilde{x} - f(t)$ を代入すれば

$$m\frac{d^2\tilde{x}}{dt^2} - m\frac{d^2f}{dt^2} = kX_0\sin\omega t - k(\tilde{x} - f)$$

$m\frac{d^2\tilde{x}}{dt^2} = -k\tilde{x}$ となるためには

$$-m\frac{d^2f}{dt^2} = kX_0\sin\omega t + kf$$

(c) $\omega_0^2 = \frac{k}{m}$ とする．$f = f_0\sin\omega t$ として上式に代入すると f_0 が求まり

$$f(t) = \frac{\omega_0^2 X_0}{\omega^2 - \omega_0^2}\sin\omega t$$

(d) バネの角振動数 ω_0 に合わせて動く振動 $\tilde{x}$ と，手の角振動数 ω に合わせて動く振動 f の重ね合わせになる．f は上式で決まるが，前者は初期条件から決まる（$\omega^2 = \omega_0^2 = \frac{k}{m}$ とすると上の $f(t)$ は無限大になってしまうことに注意）．

第6章 単振動

応用 6.6 (上下する部屋で生活すると) バネにぶら下がって上下に振動している部屋の中に君がいる。部屋には窓がない。

(a) 部屋がどの状態にあるか，君はどのようにして判断できるか。

考え方 エレベーターの中にいるときは，上向きに加速するときは重く感じ，減速するときは軽く感じる．これは人間が床から受ける垂直抗力の増減によって起こる．それと同様に考えればよい．

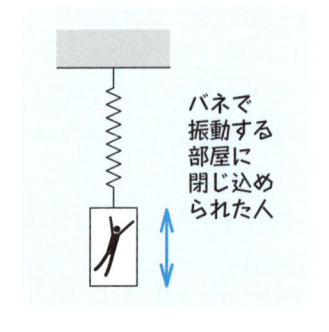

(b) 部屋の振動がだんだん大きくなった．君は部屋の中に立っていられるだろうか．たとえば，部屋の振動の周期が5秒，振幅が10mだったら何が起こるか（このようなエレベーターがあったらかなりすごい）．

応用 6.7 (バネにぶつかっていこう) 質量 m の物体が，バネが付いている質量 M の板に速さ v でぶつかって，板と一緒に動いた後（完全非弾性衝突），はね返った．はね返ったときの速さを求めよ．板の質量は M とする（バネの質量は考えない）．また，$M = m$ で弾性衝突した場合はどうなるか．

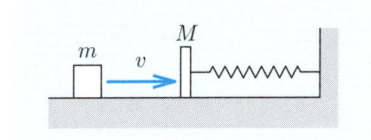

類題 6.6 (バネ付き落とし穴) 台の上から床に飛び降りたら，床が沈み始めた．びっくりしていたら床はまた上がってきた．床の下にバネが付いていたのである．私はその後，どうなったか．

第 6 章　単 振 動　　157

答 応用 6.6 (a) 人間が床から受ける垂直抗力 N を計算する．人間は部屋と一緒に振動しているので，人間が受けている力は，上向きをプラスとすると $N-mg$ である．したがって人間（と部屋）の加速度を a とすると

$$N - mg = ma \quad \to \quad N = m(g+a) = m(g - \omega^2 x) \qquad (*)$$

振動の中心を $x=0$ とすると，加速度は $a = -\omega^2 x$ となることを使った．つまり最高点（x が最大）にいるとき最も軽く感じ（N が最小），最下点にいるとき（$x<0$）最も重く感じる（N が最大）．重く感じるのはエレベーターならば下向きに動き減速しているとき，あるいは上向きに加速しているときである．このように，人間は自分が重くなったり軽くなったりすることで，部屋がどの方向に加速しているかがわかる．もっとも物理もエレベーターも知らない人はどのように考えるだろうか．

(b) 加速度が最大になるのは $x = \pm 10\,\mathrm{m}$ のときであり，そのときの加速度は

$$a = -\omega^2 x = \pm\left(\tfrac{2\pi}{5\,\mathrm{s}}\right)^2 \times 10\,\mathrm{m} \fallingdotseq \pm 16\,\mathrm{m/s^2}$$

$g = 10\,\mathrm{m/s^2}$ と比べるとかなり大きい．たとえば最下点では，体重が 2.6 倍になったように感じるだろう．頑張らないと立っていられないかもしれない．しかしもっと問題なのは上に行ったときである．式 (*) の $g+a$ はマイナスになる．しかし $N<0$ になることはありえないので，これは人が床から離れることを意味する．上向きに動いているとき急速に減速すると，人間は慣性で床から飛び上がってしまう．空中浮遊である．もっとも超能力だと自慢はできない．みな同じように飛び上がるだろうから（いつ飛び上がるかは類題 6.6 参照）．

答 応用 6.7 ぶつかった直後は物体と板は一緒に動くので，完全非弾性衝突だからエネルギーは保存していない．しかし運動量は保存するので，一緒に動き始めたときの速さ V は

$$mv = (M+m)V \quad \to \quad V = \frac{m}{M+m}v$$

物体と板は一緒に半周期だけ振動し，ぶつかった位置まで戻る．そのとき板は減速し始めるので，ぶつかった物体は板から離れて元きた方向に戻っていく．そのときの速さは，ぶつかった直後の速さと同じなので V になる（向きは反対）．

弾性衝突した場合，$m=M$ ならば物体は停止し板が速度 v で動き出す．板が元の位置に戻ったとき，その速さは v なので，板は停止していた物体にぶつかって停止し，物体は速さ v で元きた道を逆に戻っていく．

第7章 回転運動と剛体

ポイント 1. トルク・回転運動・慣性モーメント

I. トルクとつり合い

● **トルク（力のモーメント）** 物体を回転させようとする作用．回転軸をO，力の大きさをF，力の作用点をAとしたとき，その力の回転軸Oに対するトルク（力のモーメント）の大きさ（通常，Nと記す）は

$$\text{トルク（力のモーメント）：} \quad N = Fa\sin\phi = F_\perp a = Fa_\perp \tag{7.1}$$

と表される．ただしϕはOAと力の角度，$F_\perp = F\sin\phi$はFのOAに垂直な成分，$a_\perp = a\sin\phi$はaのFに垂直な成分である．

● **トルクの符号** まず回転軸の方向を決め，その方向から見たときに左回り（反時計回り）の回転を引き起こそうとするトルクをプラスとする．回転軸の方向が逆向きだとすれば，トルクの符号も反対になる．

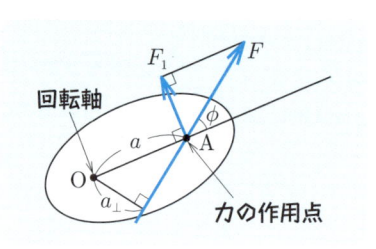

● **剛体** 大きさをもち変形しない（厳密に言えば仮想上の）物体

● **つり合い** 剛体に働くすべての力の，ある回転軸の周りのトルクの合計がゼロならば，その剛体はその軸の周りには回転しない．トルクがつり合っていると表現する（最も簡単な例がシーソーのバランスである）．

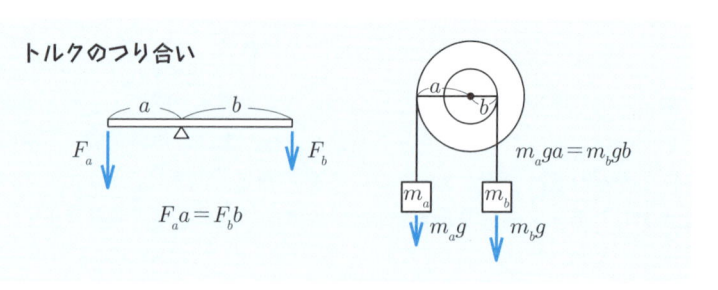

第 7 章　回転運動と剛体

II. 回転運動

● **剛体の向き**　剛体の向きは，剛体内のある特定の点（図の A）に着目し，その点の基準線からの角度 θ で表す．

● **角速度（回転速度）と角加速度**　剛体の回転は点 A の円運動として表される．第 4 章（質点の円運動）と同様に，θ の変化率（時間微分）$\frac{d\theta}{dt}$ を**角速度**あるいは**回転速度**という（ω とも書くが，単振動の ω とは混同しないように）．また角速度の変化率 $\frac{d^2\theta}{dt^2}$ を**角加速度**という．$\frac{d\theta}{dt}$ のことを $\dot{\theta}$，$\frac{d^2\theta}{dt^2}$ のことを $\frac{d\dot{\theta}}{dt}$ あるいは $\ddot{\theta}$ と書くこともある．

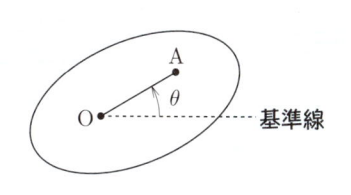

● **回転の運動方程式**　質点の運動では加速度と力が比例するが，剛体の回転では角加速度とトルク N が比例する．その比例係数を**慣性モーメント**といい，通常，I と記す．

$$\text{回転の運動方程式：} \quad I\frac{d\dot{\theta}}{dt} = N \tag{7.2}$$

● **回転の運動エネルギー**　質点の運動エネルギーは $\frac{1}{2}mv^2$ だが，回転する剛体の運動エネルギー（回転運動のエネルギー）は

$$\text{回転運動のエネルギー：} \quad \frac{1}{2}I\dot{\theta}^2 \tag{7.3}$$

● **次元**　回転に関係する量の次元と，SI 単位系での単位は以下のとおり．

　　角度：　無次元

　　角速度（回転速度）：　時間の逆数（s^{-1}）

　　角加速度：　(時間)^2 の逆数（s^{-2}）

　　トルク：　力の次元 × 長さ ＝ エネルギーの次元（$\mathrm{N \cdot m} = \mathrm{kg \cdot m^2/s^2} = \mathrm{J}$）

　　慣性モーメント：　質量 × (長さ)^2（$\mathrm{kg \cdot m^2}$）

　　回転運動のエネルギー：　エネルギーの次元（$\mathrm{J} = \mathrm{kg \cdot m^2/s^2}$）

● **慣性モーメントの計算方法**　各位置 $\boldsymbol{r}$ に分布する質量が $m(\boldsymbol{r})$ と表される剛体の，ある回転軸に対する慣性モーメントは，各位置の回転軸までの距離を r として，$m(\boldsymbol{r})r^2$ の和である．質量が連続的に分布している場合には，各位置の質量密度を $\rho(\boldsymbol{r})$ として，$\rho(\boldsymbol{r})r^2$ 剛体全体で積分する．

$$I = \sum m(\boldsymbol{r})r^2 = \int \rho r^2 \, dV \tag{7.4}$$

● **剛体に働く重力によるトルク**　すべての重力が剛体の重心にかかっているとして計算すれば正しい答えが得られる．

第 7 章　回転運動と剛体

理解度のチェック　1. トルク・回転運動・慣性モーメント

理解 7.1 回転軸 O と作用点 A が図のように決まっている場合，力 F_1 から F_5 までの力によるトルク（$N_1 \sim N_5$ とする）を大きい順番に並べよ．符号も考えて答えよ．ただし，紙面の手前側を回転軸の向きとし，また力の大きさはすべて同じだとする．

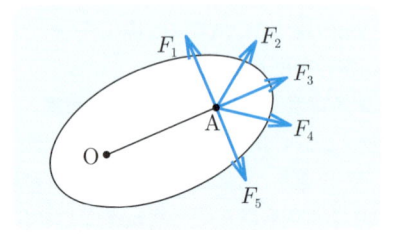

理解 7.2 内側と外側の輪が一緒に回る滑車がある．回転軸は手前向きとする．トルクの合計がプラスになるのはどれか，マイナスになるのはどれか，つり合うのはどれか．力の大きさはすべて同じ．外側の半径は内側の 2 倍とする．

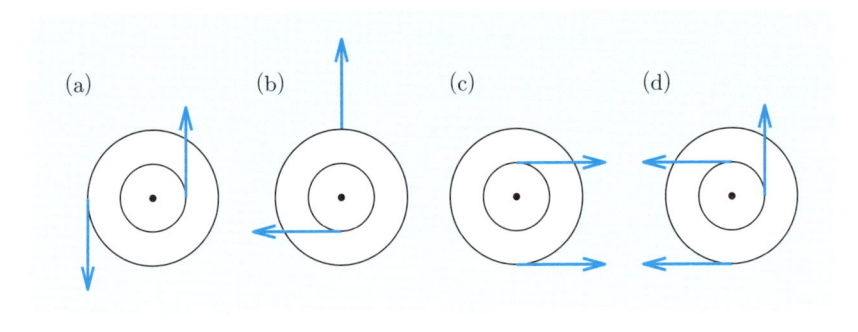

理解 7.3 (a) 棒の一方をもってぶら下げ，最初はその最下端を手で叩いた．次に，棒の真ん中を同じ力で叩いたところ，最初ほどは棒がゆれなかった．この違いを，運動方程式 (7.2) から説明せよ．
(b) 別の，同じ長さの棒をぶら下げ，その最下端を手で叩いたところ，問 (a) の 1 回目のときに比べてあまりゆれなかった．(a) の棒は上部のほうが重く，(b) の棒は下部のほうが重かった．ゆれの違いを式 (7.2) から説明せよ（なお，叩いた力はすべて大きさが同じで，持続時間も同じだったとする）．

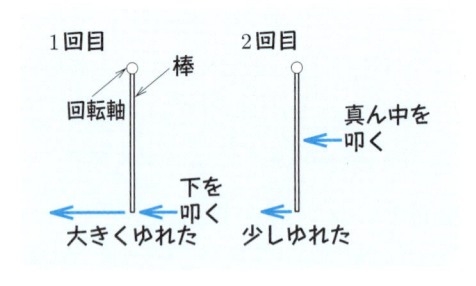

第 7 章　回転運動と剛体

答 理解 7.1　回転軸の向きを手前向きとしたので，N_1 と N_2（左回りに回転させるトルク）がプラス，N_4 と N_5 がマイナスになる．後は，OA に垂直な成分の大きさを比べればよい（たとえば F_3 は OA に平行なので $N_3 = 0$）．答えは

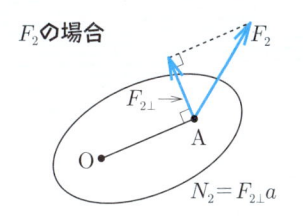

$$N_1 > N_2 > N_3 \, (= 0) > N_4 > N_5$$

答 理解 7.2　力の作用点が同じでも，力の向きによってトルクはプラスになったりマイナスになったりゼロだったりする．回転軸を手前向きとした場合には，左向きの回転を引き起こす力のトルクがプラスである．
(a)　どちらのトルクもプラスなので全体もプラス．
(b)　上向きの力は（$F_\perp = 0$ なので）トルクがゼロ．下の力のトルクはマイナス．全体はマイナス．
(c)　上の力のトルクはマイナス．下はプラス．下のトルクのほうが大きい（中心からの距離が長い）ので，全体はプラス．
(d)　内側の 2 つの力のトルクはプラス．外側はマイナスで大きさは 2 倍．したがってトルクの合計はゼロで，つり合う．

答 理解 7.3　(a)　式 (7.2) によれば，ゆれの程度は（力の大きさではなく）トルク N の大きさで決まる．この問題では，2 つのケースで，力の大きさと方向は同じだが，回転軸から力の作用点までの距離が違う． 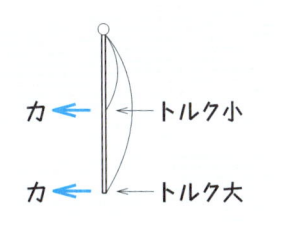
(b)　この問題では，式 (7.2) の右辺のトルクは同じである．しかし棒が違うので，右辺の慣性モーメント I が異なる．質量が同じでも，それが回転軸から遠いところにあるほど慣性モーメント I は大きくなる．I が大きければ（問 (b) のケース），N が同じでも角度の変化は小さくなる．つまりゆれが小さい．

理解 7.4 質量が無視できる長さ a の棒の先端に，質量 m の質点が付いている．回転軸はその反対側の端を通り棒に垂直な方向としたとき，この棒の慣性モーメント I はいくつか（慣性モーメントの最も簡単な例である）．

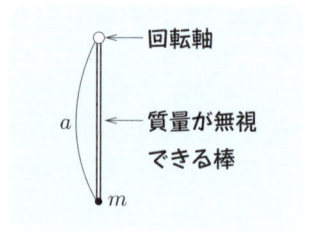

理解 7.5 慣性モーメントは，質量が回転軸から遠い所に分布しているほど大きくなる．そのことを考えて，各問の 2 つのケースのうち，慣性モーメントが大きいのはどちらかを答えよ．

(a) 一様な棒で，回転軸が端を通る場合と，棒の真ん中を通る場合

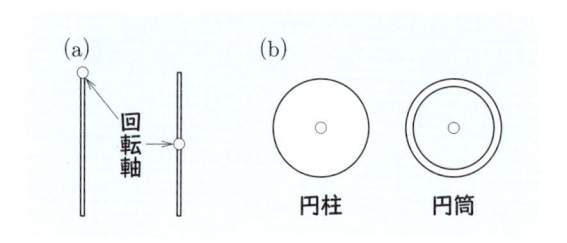

(b) 同じ全質量，同じ半径の，円柱と円筒（回転軸は中心軸．円筒の場合は，回転軸は空洞部分にある．全質量は同じなので円柱のほうが密度は小さい）
(c) 同じ全質量の，半径 a と半径 $2a$ の一様な円柱（回転軸は中心軸）
(d) 同じ全質量，同じ半径の，長さが l と $2l$ の一様な円柱（回転軸は中心軸）

理解 7.6 (a) 慣性モーメントは，式 (7.2) のように，トルクと角加速度の比例関係の比例係数として定義される．この定義から，「慣性モーメントの次元 = 質量×(長さ)^2」であることを証明せよ（このことから，慣性モーメントの計算公式 (7.4) で，なぜ r^2 を掛けるのか納得してほしい）．

(b) 回転運動のエネルギーの式 (7.3) がエネルギーの次元をもっていることを示せ．

第7章　回転運動と剛体　　163

答 理解 7.4　質量 m が回転軸から距離 a の位置に集中しているのだから，式 (7.4) より $I = ma^2$．

答 理解 7.5　(a)　端を通る場合．回転軸から遠い所に質量が分布するようになる．
(b)　円筒．回転軸から遠いところに質量が分布している．
(c)　半径 $2a$ の円柱．回転軸から遠いところに質量が分布している．
(d)　同じ．回転軸からの距離に関しては，円柱の長さをどのように変えても変わらない．

答 理解 7.6　(a)　式 (7.2) から，トルクの次元を角加速度の次元 ((時間)^2 の逆数) で割ればよい．トルクの次元は「力の次元×長さ」であり，SI 単位系では N·m = kg·m/s^2 だから，それを s^{-2} で割れば答えが得られる．あるいは下の図のように，質点の運動方程式 $m \frac{d^2 x}{dt^2} = F$ と $I \frac{d^2 \theta}{dt^2} = N$ の比較で考えるのも教育的（示唆的）である．F と N を比較すると，N のほうが長さの次元が 1 つ多い，一方，加速度と角加速度を比較すると，角加速度のほうが長さの次元が 1 つ少ない．したがって，慣性モーメント I は，質量 m よりも，長さの次元が 2 つ多くなければならない．

$$m \times \frac{d^2 x}{dt^2} = F$$

長さの次元の違い（両辺で同じ）　　$+2$　　-1　　$+1$

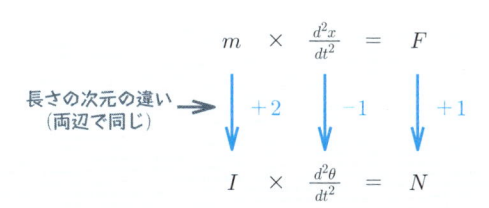

$$I \times \frac{d^2 \theta}{dt^2} = N$$

(b)　直接示すとすれば，上で求めた慣性モーメントの次元に，$\dot{\theta}^2$ の次元 ((時間)^2 の逆数) を掛ければよい．あるいはこれも，質点の運動エネルギー $\frac{1}{2} m v^2$ との比較で考えることもできる．

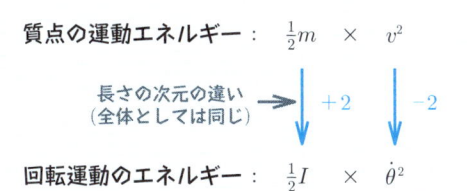

質点の運動エネルギー :　$\frac{1}{2} m \times v^2$

長さの次元の違い（全体としては同じ）　　$+2$　　-2

回転運動のエネルギー :　$\frac{1}{2} I \times \dot{\theta}^2$

基本問題　1. トルク・回転運動・慣性モーメント

※類題の解答は巻末

基本 7.1 理解度のチェック 7.4 で考えたような，剛体だが質量が 1 点だけに集中している物体は，質点とみなすこともできる．そのような物体に対しては，質点とみなしたときの式と剛体とみなしたときの式が一致しなければならない．そのことを確かめて，ポイントで天下り的に示した公式の正しさを確認しておこう．

(a) 質量が無視できる長さ a の，一方の端に質量 m の質点が付いている棒（理解度のチェック 7.4）が，反対側の端を軸として角速度 $\dot{\theta}$ で回転している（$\dot{\theta} = \frac{d\theta}{dt}$）．これを質点とみなしたときの運動エネルギー $\frac{1}{2}mv^2$ と，剛体とみなしたときの回転運動のエネルギー (7.3) が等しいことを示せ．

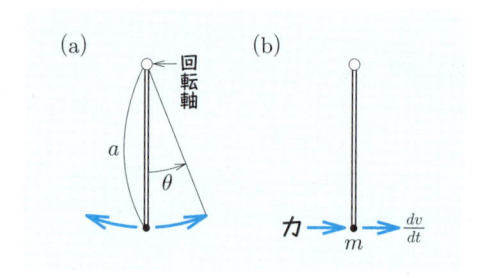

(b) 上問の棒に付いた質点に，棒に垂直に力 F を加えた．棒は回り，質点が半径 a の円周上を動いた．質点としてみれば運動方程式は $m\frac{dv}{dt} = F$ である．これが，回転運動の方程式 (7.2) と同じであることを示せ．

基本 7.2 半径 a，慣性モーメント I の滑車にロープが巻きついており，その一方がたれ下がって，質量 m の物体がぶら下がっている．滑車が回転せずにロープがずれ落ちることはないとする．回らないように滑車を抑えていた手を離すと，この物体はどのように動くか（滑車は摩擦になしに自由に回転できるようになっている．ロープの質量は無視できるとする）．

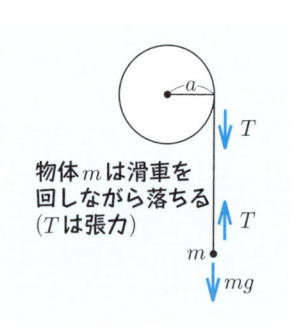

類題 7.1 上問で，力学的エネルギーが保存することを確かめよ．

第7章　回転運動と剛体

答 基本7.1 (a) 回転の状態を表す角度 θ は，特に断らない限りラジアンで表す．したがって円弧の長さ s と θ は，$s = a\theta$ という関係で結び付く．s の変化率が質点の速度 v であり，θ の変化率が角速度 $\dot{\theta}$ なので，$s = a\theta$ は，$v = a\dot{\theta}$ を意味する．これを使って質点の運動エネルギーを書き換えると

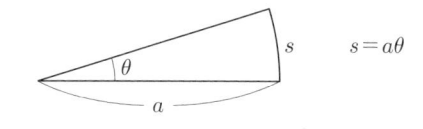

$$\text{質点の運動エネルギー} = \tfrac{1}{2}mv^2 = \tfrac{1}{2}m(a\dot{\theta})^2 = \tfrac{1}{2}ma^2\dot{\theta}^2$$

ここで，理解度のチェック7.4で得た慣性モーメントの式 $I = ma^2$ を考えれば，これは $\tfrac{1}{2}I\dot{\theta}^2$ という回転運動のエネルギーの式になる．

(b) 質点の運動方程式 $m\frac{dv}{dt} = F$ に $v = a\dot{\theta}$ を代入すれば，a は一定なので $ma\frac{d\dot{\theta}}{dt} = F$ となる．ここでは式 (7.1) で $\sin\phi = 1$ なので $N = aF$ であり，したがって運動方程式は

$$ma^2 \tfrac{d\dot{\theta}}{dt} = aF \quad \rightarrow \quad I \tfrac{d\dot{\theta}}{dt} = N$$

答 基本7.2 物体は重力によって引っ張られて落下しようとするが，ロープを引っ張って滑車を回転させなければロープは下りてこない．滑車を回転させる作用はロープの張力によるトルクであり，ロープの張力は物体を上に引っ張る役割もする．張力がわからなければ物体の運動もわからないように見えるが，物体の落下の運動方程式と，滑車の回転運動の方程式という2つの方程式があるので，それを組み合わせると張力が消去された式を得ることができる．

物体の速度を v とする．上向きをプラスとする（実際は落下するので $v < 0$）．張力を T と書くと，物体の運動方程式は

$$m\tfrac{dv}{dt} = -mg + T$$

滑車の回転運動の方程式は（張力によるトルクは aT なので）

$$I\tfrac{d\dot{\theta}}{dt} = aT \quad \rightarrow \quad m\tfrac{dv}{dt} - \tfrac{I}{a}\tfrac{d\dot{\theta}}{dt} = -mg$$

そしてもう1つ，滑車が回転した分だけロープが延びて物体が落下するという条件が重要である．これは $a\dot{\theta} = -v$ を意味する．したがって

$$\left(m + \tfrac{I}{a^2}\right)\tfrac{dv}{dt} = -mg \quad \rightarrow \quad \tfrac{dv}{dt} = -\tfrac{m}{m + \frac{I}{a^2}}$$

つまり g の $\frac{m}{m + \frac{I}{a^2}}$ 倍（< 1）の加速度で落下する．

基本 7.3 下記の例での慣性モーメントを計算せよ．

(a) 長さ l，全質量 M の一様な棒．回転軸は棒に垂直で，棒の端を通る．

(b) 長さ l，全質量 M の一様な棒．回転軸は棒に垂直で，棒の中点から d の位置を通る．

(c) 半径 a，全質量 M の一様な円盤．回転軸は円盤に垂直で，円の中心を通る（答えは円盤の厚さには関係しないので，厚さはゼロとして計算してよい．厚くすれば円柱になるが答えは変わらない）．

(d) 外径が a，内径が b の，全質量 M の一様な円環．回転軸は円盤に垂直で，円の中心を通る（厚さをゼロとして計算してよいが，厚くすれば円筒である）．

(e) 半径 a，全質量 M の一様な輪（外周のみで，内部には何もないとする）．回転軸は輪の直径方向（中心から見た角度で輪を分割すると計算しやすい）．

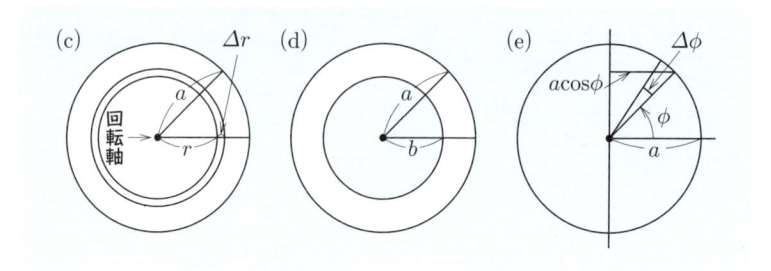

類題 7.2 半径 a，全質量 M の一様な球で，回転軸 O が球の中心を通る場合の慣性モーメントを求めよ．右の図と上問 (c) の結果を参考にするとよい．

類題 7.3 基本問題 7.3 の問 (b) の結果を $I(d)$ と書くと，$I(d) = I(0) + Md^2$ という関係が成り立つことを示せ．

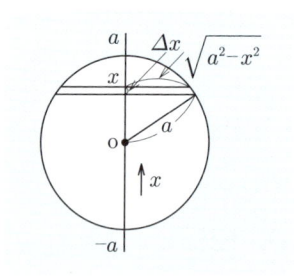

注 これは**平行軸の定理**と呼ばれる定理の一例である．ある回転軸に対する慣性モーメントを求めるとき，それと平行で物体の重心を通る回転軸に対する慣性モーメント（$I(0)$）を計算し，それに Md^2 を足せばよいという定理である．ただし d は回転軸と重心との距離．

第7章　回転運動と剛体　　**167**

答 基本 7.3　慣性モーメントの公式 (7.4) は，$\rho r^2 \Delta V$ の剛体全体での合計（積分）だから（ΔV とは剛体の微小部分の体積だが，問題に応じて微小な長さあるいは面積になる），どのように足していくかを決めるのが出発点である．

(a)　棒の微小な長さ Δx の部分を考え，図のように座標 x を決めると，$\rho r^2 \Delta V$ はここでは，$\rho x^2 \Delta x$ である．ただしここでは ρ は単位長さ当たりの質量密度なので $\frac{M}{l}$ である．棒は回転軸から一方向に延びているだけだから，これを回転軸の位置から出発して l まで足す．

$$I = \int_0^l \frac{M}{l} x^2 \, dx = \frac{1}{3} \frac{M}{l} r^3$$

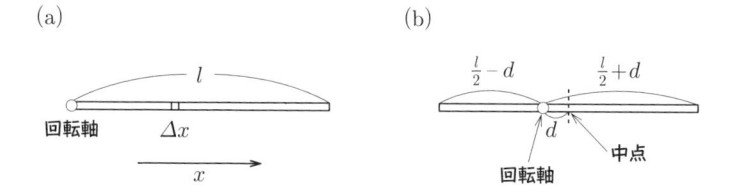

(a)　　　　　　　　　　　　　　　(b)

(b)　回転軸から両側に（一方は $\frac{l}{2} - d$ まで，他方は $\frac{l}{2} + d$ まで）延びているので

$$I = \int_0^{l/2-d} \frac{M}{l} x^2 \, dx + \int_0^{l/2+d} \frac{M}{l} x^2 \, dx = \frac{1}{3} \frac{M}{l} \left(\frac{l}{2} - d\right)^3 + \frac{1}{3} \frac{M}{l} \left(\frac{l}{2} + d\right)^3$$

(c)　半径 r，微小な幅 Δr をもつ円環を考える．面積は 円周 × 幅 $= 2\pi r \Delta r$ なので，$\rho r^2 \Delta V$ はここでは，$\rho r^2 \times 2\pi r \Delta r$．$\rho$ は単位面積当たりの質量密度であり，$\frac{M}{\pi a^2}$．これを中心 O から $r = a$ まで足せば

$$I = \int_0^a \frac{M}{\pi a^2} \times r^2 \times 2\pi r \, dr = \frac{Ma^2}{2}$$

(d)　問 (c) と同様だが，ここでは ρ は $\frac{M}{\pi(a^2-b^2)}$ になる．足すのは $r = b$ から a まで．

$$I = \int_b^a \frac{M}{\pi(a^2-b^2)} \times r^2 \times 2\pi r \, dr = \frac{M}{a^2-b^2} \frac{a^4-b^4}{2} = \frac{M}{2}(a^2+b^2)$$

$b = 0$ とすれば問 (c) に一致し，また b を a に近付けると，質量が外側に集中するということで I は大きくなる．$b \to a$ の極限で Ma^2 になるのは予想どおり．

(e)　微小な角度 $\Delta\phi$ の部分の長さは $a\Delta\phi$ だから，質量は $\frac{M}{2\pi a} a\Delta\phi$．回転軸からの距離は $a\cos\phi$．

$$I = \int_{-\pi/2}^{\pi/2} \frac{M}{2\pi a} (a\cos\phi)^2 a \, d\phi = \frac{Ma^2}{2\pi} \times \pi = \frac{Ma^2}{2}$$

（横長の台形に分割して下から足していくという計算もできるが，質量の計算を間違えないように）．

応用問題 1. トルク・回転運動・慣性モーメント

※類題の解答は巻末

応用 7.1 (上から引っ張る) もしかしたら日曜大工に役立つかもしれない問題を考える．図のように壁に台を付ける．その一端は壁に取り付けられているが，台に上から力を加えると，台は傾いてしてしまう．そこで，ヒモで吊るすことにした．しかしヒモはあまり強くはないので，張力はできるだけ小さくしたい．また，ヒモの長さ l は決まっているとする．また台は一様で，その幅を d とする．

(a) ヒモはどのような角度で付ければいいか．
(b) そのとき，ヒモの張力はどうなるか．
(c) 台が壁から受ける力（下図の F）はどうなるか．

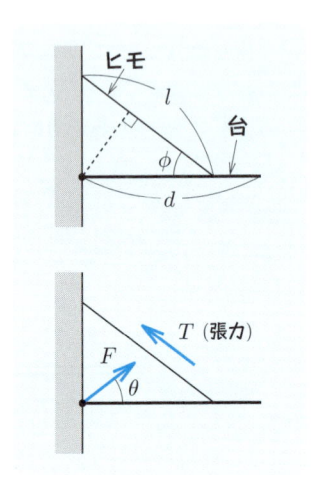

応用 7.2 (壁に立てかける) 実用的な問題をもう1つ．何かの棒を壁に立てかけたい（傘でもいい）．あまり縦にすると，バランスが悪くなって横に倒れやすくなる（試してみよ）．理由は，棒と壁の間に働く垂直抗力が小さくなって，そこに働きうる最大静止摩擦力が小さくなるからである．そこで，棒を傾けて，そこでの垂直抗力を大きくしたい．棒を傾けても，床（あるいは地面）と棒の間に十分な摩擦力（f とする）が働けば棒は滑らない．といってもあまり斜めにすると棒は滑って倒れるだろう．

棒と床との間の垂直抗力を F とすると，摩擦力 f は最大静止摩擦力 μF よりも大きくはなれない．$f = \mu F$ ならば原理的には可能だが，少しゆれると棒は滑ってしまう．そこで，むしろ動摩擦係数 μ' を使って $f = \mu' F$ が限度だとしよう．その状況での，右図の，水平方向の力のつり合い，垂直方向の力のつり合い，そしてトルクのつり合い（回転軸はどこに選んでもいいが，棒と床が接触する部分とすると計算が簡単になる）を考え，最善の，つまり F' を最大にする角度 θ を求めよ．

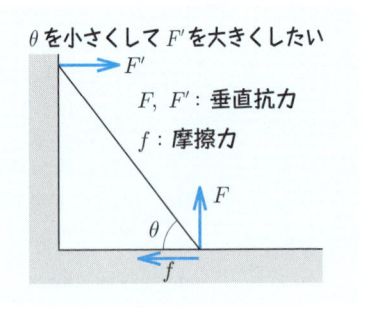

第7章　回転運動と剛体　　　　　　　　　　　　　　　　　　　**169**

答 応用 7.1　(a)　ヒモが棒に及ぼすトルクを，張力は増やさないでいかに増すかという問題．回転軸は台と壁が付いている部分である．ヒモの角度によって，張力の方向も作用点も変わるので面倒な問題に見えるかもしれないが，トルクの式 (7.1) のうち $Fa_\perp$ を使うと簡単になる．$a_\perp$ とは力の作用線つまりヒモと，回転軸の距離であり（左ページの上図の破線）

$$a_\perp = l\cos\phi\sin\phi = \tfrac{l}{2}\sin 2\phi$$

これを最大，つまり $\phi = \frac{\pi}{4}$（45°）にすれば同じ張力でもトルクは最大になる（台が短すぎて，あるいはヒモが長過ぎて 45°にできないときは，ヒモの端は台の先端に付けて，角度をできるだけ小さくする）．
(b)　重力によるトルクは，全重力が台の真ん中にかかっているとして計算すればよい（ポイント参照）．したがって力×長さ＝$Mg \times \frac{d}{2}$．したがってつり合いの式は

$$Mg \times \tfrac{d}{2} = T \times l\cos\phi \times \sin\phi$$

$\cos\phi = \frac{1}{\sqrt{2}}$ より，$T = Mg\frac{d}{l}$．
(c)　壁から受ける力は回転軸の位置に作用するのでトルクには効かない．つまり回転には関係ない．しかしこの力は，棒全体が水平方向にも垂直方向にも動かないという通常の力のつり合いに関係する．この力の大きさを F，方向を θ とすると

水平方向の力のつり合い：　$F\cos\theta - T\cos\phi = 0$

垂直方向の力のつり合い：　$F\sin\theta - Mg + T\sin\phi = 0$

この 2 式から F と $\tan\theta$ が得られる（計算は省略）．

答 応用 7.2　θ を小さくして f が限度の大きさになったときの状況を考える．

水平方向の力のつり合い：　$F' = f = \mu' F$

垂直方向の力のつり合い：　$Mg = F$

トルクのつり合い：　$F'l\sin\theta = Mg \times \tfrac{l}{2}\cos\theta$

（重力によるトルクは重力が棒の中心にかかっているとして計算した．l は棒の長さだが答えには影響しない）．これらより $\tan\theta = \frac{1}{2}\mu'$ となる．たとえば $2\mu' = 0.5$ とすれば θ は 64°程度．このとき垂直抗力は $F = Mg$，$F' = \mu' Mg$ であり，上の部分の最大静止摩擦力は下の部分の μ' 倍である．

応用 7.3 (転がる物体の勢い)　(a) 半径 a の一様な円柱が速度 v で転がっている．この物体の並進運動のエネルギー（回転していることを考えないときのエネルギー…$\frac{1}{2}mv^2$）と回転運動のエネルギー (7.3) の比率を求めよ．ただし回転軸は円の中心を通る直線だとする．この物体の質量を m とすると，慣性モーメントは $I = \frac{1}{2}ma^2$ である．

(b)　上問の物体が角度 ϕ の斜面を転がっている．手を離してから長さ l だけ転がったときのこの物体の速さを求めよ．摩擦もなく回転もせず滑っている場合と比べてどうか（上問の結果と重力の仕事の大きさを使う）．

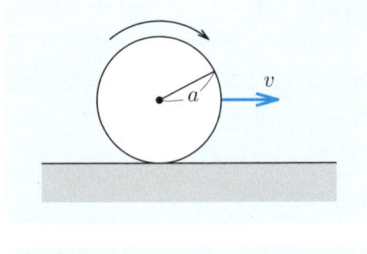

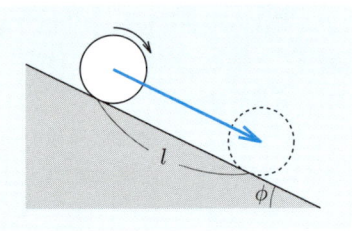

(c)　問 (b) において，物体の加速度はどれだけか．

(d)　問 (b) において，斜面と物体の間に働いている摩擦力 f を求めよ．

応用 7.4 (メトロノーム)　図のように，長さ l の棒の一方の先端に質量 M の重りを付け，そこから d の位置を回転軸とする．また，質量 m のもう1つの重りは，回転軸から x の所に付けるが，x は，$Md > mx$ という条件を満たす範囲で変えられるものとする．棒の質量は無視できるものとする．

(a)　この系の運動方程式を式 (7.2) の形で書け．

(b)　これを振り子と見たときの単振動の角振動数 ω を求めよ．

(c)　周期 T と x の関係を求め，どのようなグラフになるか概形を描け．

(d)　$M = 30\,\mathrm{g}$, $m = 5\,\mathrm{g}$, $d = 2\,\mathrm{cm}$, $x = 10\,\mathrm{cm}$ で，T を計算せよ．

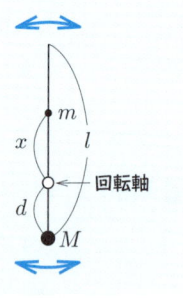

第 7 章 回転運動と剛体

答 応用 7.3 (a) 円周分だけ進めば物体は 1 回転する．その時間 T は $T = 2\pi \frac{a}{v}$ なので，角速度は $\dot{\theta} = \frac{2\pi}{T} = \frac{v}{a}$．したがって

$$\text{回転運動のエネルギー} = \frac{1}{2} I \dot{\theta}^2 = \frac{1}{2} \frac{I}{a^2} v^2 = \frac{1}{4} mv^2$$

→ 並進運動のエネルギー： 回転運動のエネルギー $= 2 : 1$

(b) 重力がした仕事は $mgl\sin\phi$ であり，この $\frac{2}{3}$ が並進運動のエネルギーになる．つまり

$$\frac{1}{2} mv^2 = mgl \sin\phi \times \frac{2}{3} \quad \rightarrow \quad v^2 = \frac{4}{3} gl \sin\phi$$

摩擦がなく，単に滑っているだけの場合には重力の仕事がすべて並進運動のエネルギーになる．つまり v^2 はその場合の $\frac{2}{3}$ 倍になっている．

(c) 力が一定ならば等加速度運動である．等加速度運動では，変位が同じならば v^2 と加速度は比例するので（第 2 章），加速度も（単に滑る場合と比べて） $\frac{2}{3}$ になっている（つまり重力は，物体全体を動かすだけでなく回転もさせなければならないので，それだけ苦労する，ということである）．

(d) 回転運動を引き起こすトルクは摩擦力による fa であることを使う（回転軸が重心を通っているので，重力によるトルクはない）．$\frac{dv}{dt} = \frac{2}{3} g\sin\phi$ より，$a \frac{d\dot{\theta}}{dt} = \frac{2}{3} g\sin\phi$．したがって $I\frac{d\dot{\theta}}{dt} = \frac{1}{3} mag\sin\phi$．右辺が af であるということから，$f = \frac{1}{3} mg\sin\phi$．

答 応用 7.4 (a) $I = Md^2 + mx^2$ である．またトルク N は，全重力（$= (M+m)g$）が重心の位置にかかっていると考えればよく，重心の位置は回転軸から M 側に

$$\frac{Md - mx}{M+m}$$

の位置にあるので，棒の傾きを θ とすると

$$N = \frac{Md-mx}{M+m} \times (M+m)g \times \sin\theta \fallingdotseq (Md-mx)g\theta$$

ただし角度 θ が微小だとして $\sin\theta \fallingdotseq \theta$ の近似式を使った．したがって式 (7.2) は

$$I \frac{d\dot{\theta}}{dt} \fallingdotseq (Md-mx)g\theta$$

(b) $\omega^2 = (Md - mx)\frac{g}{I} = (Md - mx)\frac{g}{Md^2 + mx^2}$

(c) $T = \frac{2\pi}{\omega} = 2\pi \sqrt{\frac{Md^2 + mx^2}{(Md-mx)g}}$

(d) $g \fallingdotseq 10 \text{ m/s}^2 = 1000 \text{ cm/s}^2$ として計算すると

$$T = 2\pi \sqrt{\frac{120+500}{(60-50)\times 1000}} \text{ s}$$
$$= 2\pi \sqrt{\frac{620}{10000}} \text{ s}$$
$$\fallingdotseq 1.6 \text{ s}$$

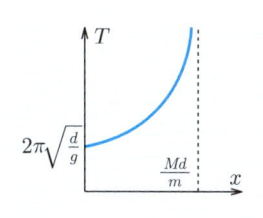

ポイント 2. 角運動量・角運動量保存則

I. 質点の角運動量

ある点 O から見て，方向 θ，距離 r の位置（A とする）を，質量 m の質点が角速度 $\dot{\theta}$ で動いているとする．そのとき

$$\text{質点の角運動量：} \quad L \equiv mr^2\dot{\theta} \tag{7.5}$$

という量を，この質点の（O を基準とした）**角運動量**という．

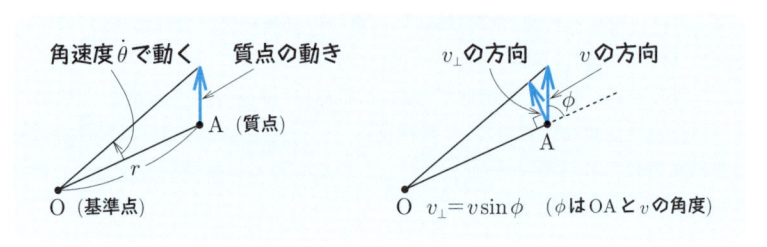

注1 運動は円運動である必要はない．r は変化していてもよい．
注2 角運動量の別表記　$r\dot{\theta}$ は速度 v の，OA に垂直な成分（$v_\perp$ と書く）である．そのことを考えた次の表記も重要．

$$L \equiv mrv_\perp = mrv\sin\phi \tag{7.6}$$

注3 角運動量は 89 ページで登場した面積速度に比例している（基本問題 7.4）．
● **角運動量の方向**　OA と，質点の速度の方向で決まる面を，その時刻での質点の**運動平面**と呼ぶ．その時刻では質点は，O を通る，この平面に垂直な回転軸の周りを回っているとみなせる．この回転軸の方向を角運動量の方向と定義して角運動量をベクトルとみなし，**角運動量ベクトル**という（質点が左回りに回っているように見える方向を回転軸のプラスの方向とする…右ページの図も参照）．
● **角運動量の運動方程式**　質点が等速直線運動していれば L は一定である（基本問題 7.5 参照）．質点に力 F が働いているときは，この力による（上記の回転軸に対する）トルクを N とすると

$$\frac{dL}{dt} = N \tag{7.7}$$

という式が成り立つ．$N = 0$ のときは L は一定（**角運動量保存則**）．
注1 円運動している場合は式 (7.7) は基本問題 7.1 で考えたとおりだが，円運動ではない場合でも一般的に成り立つ式である．

第7章　回転運動と剛体

注 2　従来の運動量 $p = mv$ に対する式 $\frac{dp}{dt} = F$ と対応させて頭に入れておこう.

II. 剛体の角運動量

剛体を質点の集合だと考えたときの, 式 (7.5) の剛体全体での和が剛体の角運動量である. ただし点 O を通る回転軸の方向を最初から決めておき, r は各質点の, (O ではなく) その回転軸までの距離とする. 方向 θ もその回転軸の周りの回転角とする. すると, $\dot{\theta}$ はすべての点に対して共通なので

$$\text{剛体の角運動量:} \quad L = \left(\sum mr^2\right)\dot{\theta} = I\dot{\theta} \tag{7.8}$$

和の部分が剛体の慣性モーメント I になるという点が重要.

注 1　質点の慣性モーメントは mr^2 となるので (基本問題 7.1), 式 (7.5) は式 (7.8) の特殊例だとみなすこともできる.

注 2　式 (7.8) と従来の運動量 $p = mv$ には, $m \Leftrightarrow I$, $v \Leftrightarrow \dot{\theta}$ という対応がある.

● **剛体の角運動量の運動方程式**　この L に対しても式 (7.7) と同じ式が成り立つ. 剛体ならば I が不変なので, これは式 (7.2) に他ならない.

$$\frac{dL}{dt} = N \quad \text{すなわち} \quad I\frac{d\dot{\theta}}{dt} = N \tag{7.9}$$

III. 外積と角運動量ベクトル

2つのベクトル $\boldsymbol{a}$ と $\boldsymbol{b}$ があるとき, そのどちらにも垂直で, 大きさ $ab\sin\phi$ ($\boldsymbol{a}$ と $\boldsymbol{b}$ でできる平行四辺形の面積) をもつベクトルを $\boldsymbol{a}$ と $\boldsymbol{b}$ の**外積**といい, $\boldsymbol{a} \times \boldsymbol{b}$ と書く. 方向は $\boldsymbol{a}$ から $\boldsymbol{b}$ に右ねじを回したときにねじが進む方向. $\boldsymbol{b} \times \boldsymbol{a}$ とすると逆向きになる.

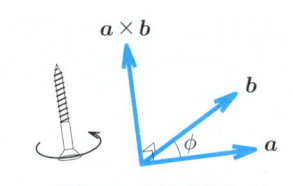

これを使うと, これまでの式はベクトルの関係式として書ける. たとえば

$$\begin{aligned} \boldsymbol{L} &= m(\boldsymbol{r} \times \boldsymbol{v}) \\ \boldsymbol{N} &= \boldsymbol{r} \times \boldsymbol{F} \end{aligned} \tag{7.10}$$

となり, 式 (7.7) はベクトルの等式として

$$\frac{d\boldsymbol{L}}{dt} = \boldsymbol{N} \tag{7.11}$$

剛体の場合も同様の式になる.

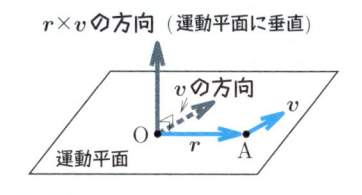

2. 角運動量・角運動量保存則

理解 7.7 （重要!） 運動量 $p = mv$ を使って表された質点の運動エネルギーと，角運動量 (7.8) $L = I\dot{\theta}$ を使って表された回転運動の運動エネルギー (7.3) の形が対応していることを示せ．

理解 7.8 (a) 質点の等速円運動は，（円の中心に対する）角運動量が一定であることを示せ．
(b) 等速円運動するためには力を受けなければならない．しかし角運動量が一定であるとすれば，式 (7.7) と矛盾しないか．

理解 7.9 （重要!!） 質点が力を受けて運動しているが，ある点に対する角運動量は常に一定であった（保存していた）．なぜか．

理解 7.10 フィギュアスケーターがスピンをしている．
(a) 腕を横に広げたら回転は遅くなった．なぜか．
(b) スピンを止めるときは足を広げる．なぜか．

理解 7.11 コマ回しが趣味の宇宙飛行士が，大きなコマを宇宙船の中に持ち込んだ．そして宇宙船の中で思いっきりコマを回した．何かまずいことが起こるだろうか．

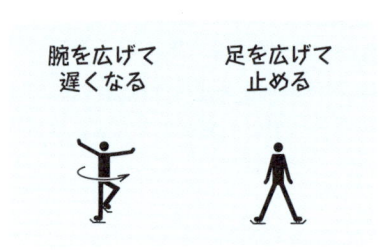

理解 7.12 床の上で，コマを上から見て時計回りに回した．このコマの角運動量ベクトルはどちら向きか．式 (7.10) から考えよ（コマの各点について，回転軸から見た方向 r と，動いている方向 v を考える）．

第 7 章　回転運動と剛体

答 理解 7.7　質点では $\frac{1}{2}mv^2 = \frac{1}{2}m\left(\frac{p}{m}\right)^2 = \frac{1}{2m}p^2$. 回転運動では $\frac{1}{2}I\dot{\theta}^2 = \frac{1}{2}I\left(\frac{L}{I}\right)^2 = \frac{1}{2I}L^2$. $m \Leftrightarrow I$, $p \Leftrightarrow L$ という対応がある．

答 理解 7.8　(a) 等速ならば，円の中心から見た角速度 $\dot{\theta}$（= 速度 ÷ 半径）は一定なので，角運動量 $L = mr^2\dot{\theta}$ も一定である．
(b) 力を受けていても，円の中心に対するトルクを生じなければ角運動量は変化しない．実際，この質点は中心方向の力（向心力）を受けているが，この力は，中心と質点を結ぶ線との角度がゼロなので，トルクはゼロである．

Oの方向を向く力の
Oに対するトルクはゼロ

答 理解 7.9　その点に対するトルク N が常にゼロであればよい．そのためには，力の方向が，その点と質点を結ぶ線と平行（あるいは逆平行）ならばよい．中心力を受けて運動する質点の角運動量は保存するという．中心力とは，常にある一点の方向を向いている力のこと（円運動の向心力も中心力である）．

答 理解 7.10　(a) 足が回転軸の位置にある限りどこからもトルクを受けないので，角運動量 $L = I\dot{\theta}$ は一定である（角運動量保存則）．したがって腕を広げて慣性モーメント I が大きくなれば角速度 $\dot{\theta}$ は減る．
(b) 回転軸と力の作用点をずらし，適切な方向に足で氷を押せばトルクが生じ，ブレーキになって回転が止まる．

答 理解 7.11　宇宙空間に浮いているとすると，宇宙船は外部から何もトルクを受けていない状態なので角運動量は一定でなければならない．したがって宇宙船は全体の角運動量をゼロにするために，コマと逆方向に回り始める．これはまずい．左ページの図では，コマを回した反動が足を通して床に伝わって宇宙船が回る．

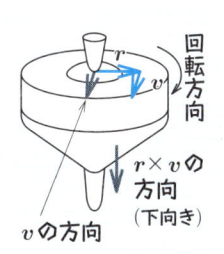

答 理解 7.12　垂直方向下向き．台に入りこむ方向（右図参照）．

基本問題 2. 角運動量・角運動量保存則

基本 7.4 （角運動量と面積速度）
ケプラーの第2法則によれば，太陽から見たときの惑星の**面積速度**は惑星ごとに一定である．
(a) 右図を見ながら，面積速度は角運動量に比例した量であることを示せ．
(b) （重要!!） 面積速度が一定であることから，何が言えるか（理解度のチェック 7.9 を見よ）．

基本 7.5 （真っすぐ回転する？） 質点が力を受けず，等速直線運動している．どこを基準点と考えても，角運動量が保存していることを示せ（円運動でなくても，基準点から見て方向が変わっていれば（$\dot{\theta} \neq 0$）角運動量がある）．

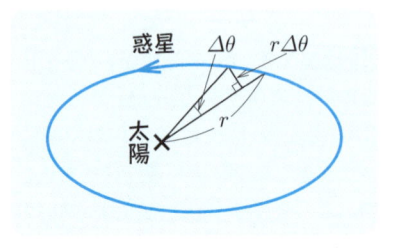

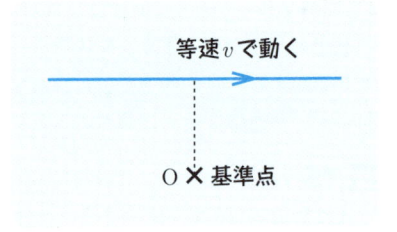

基本 7.6 （引っ張ると速くなる） 穴のあいた板にヒモを通し，一方に質量 m の物体をつなぎ，片方は手で引っ張る．応用問題 4.3 と同じ装置だが，重りを付ける代わりに手で引っ張るという点が違う．そしてヒモを引っ張りながら，r を少しずつ短くしていく．物体はほぼ円運動をしながら，穴に近付いていった．そのとき物体は穴のある中心に引っ張られているだけなので（中心力），角運動量 L は変わらない．
(a) 穴からの距離が r のときの速さ v と運動エネルギーを，L と r で表せ．それらは r が減るとどう変化するか．
(b) ヒモの長さが r_1 から r_2 にまで短くなったときの物体の回転運動のエネルギーの変化は，ヒモを引っ張った手がした仕事に等しいことを示せ．

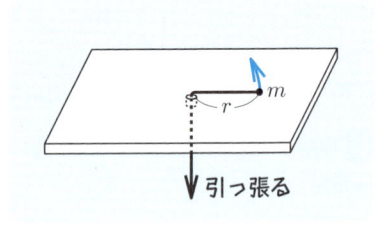

第 7 章　回転運動と剛体　　　**177**

答 基本 7.4　(a) 惑星が微小な角度 $\Delta\theta$ だけ回ったときにできる図形（ほぼ三角形）の面積は $\frac{1}{2} \times r \times r\Delta\theta$. これをかかった時間 Δt で割れば（$\frac{\Delta\theta}{\Delta t} = \dot{\theta}$ なので），$\frac{1}{2}r^2\dot{\theta}$ となる．これを $2m$ 倍すれば角運動量になる．
(b)　角運動量が一定なのだから，惑星は太陽方向の力（中心力）を受けて運動している（理解度のチェック 7.9 参照）．

注　現代の我々にとって，惑星が太陽から万有引力を受けて動いているというのは常識だが，これは 17 世紀に登場した考え方である．何もない宇宙空間を通して太陽と惑星が力を及ぼし合っていることを（ニュートンやその同時代人が）納得するのに，面積速度一定という事実が重要な意味をもった．

答 基本 7.5　角運動量は面積速度に比例するので（上問），面積速度が一定であることを示せばよい．物体の動きと基準点 O を結ぶ線が描く図形は三角形になるが，等速で動いていれば，単位時間当たりに動く長さ（三角形の底辺）v は一定．また高さ r_0 も一定なので，面積速度は一定になる．

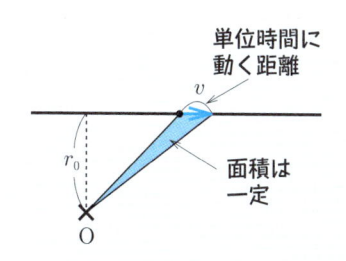

答 基本 7.6　(a) 物体は中心方向とは直角に動いているので，角運動量は $L = mrv$ と書ける．したがって $v = \frac{L}{mr}$. つまり半径に反比例して速くなる．また運動エネルギーは
$$\tfrac{1}{2}mv^2 = \tfrac{1}{2mr^2}L^2 \qquad (*)$$
半径 r で円運動する質点を慣性モーメント $I = mr^2$ の剛体とみなしても同じ結果が得られる（$\frac{1}{2I}L^2 = \frac{1}{2mr^2}L^2$）．$r$ の 2 乗に反比例して増える．
(b)　手の力 F は円運動の向心力に等しい．つまり
$$F = m\frac{v^2}{r} = \frac{L^2}{m}\frac{1}{r^3}$$
したがって手がした仕事 W は（r が増える方向と力の方向は反対なので）
$$W = -\int_{r_1}^{r_2} \frac{L^2}{m}\frac{1}{r^3}\,dr = \frac{1}{2mr_2^2}L^2 - \frac{1}{2mr_1^2}L^2$$
これは $(*)$ の差に等しい．

応用問題 2. 角運動量・角運動量保存則 ※類題の解答は巻末

応用 7.5（猫はすごい） 何かを不思議だと感じること自体が物理の素養を必要とすることがある．その１つの有名な例として猫の話をしよう．猫は高いとこから落ちても平気らしい．しかも，背中を下にして抱きかかえて落としても，落ちたときはちゃんと足を下にしている．物理学者にとってこれは非常に不思議な現象である．なぜなら，前足を下にするために，上半身を右回りに回転させたとすれば，角運動量保存則により，下半身は左に回転する．両方とも180°回転させれば足に関しては前後とも下向きになっているが，身体の中央が360°ねじれていることになる．しかしこんなかわいそうな猫を見たことはない．物理学者の間違いを猫に代わって指摘せよ．

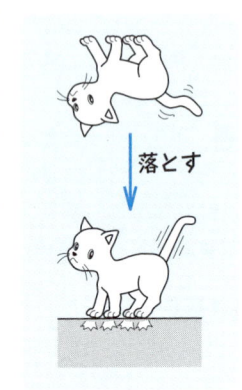

応用 7.6（まわる円盤から逃げ出したい） (a) 水平な大きな円盤がどこからも摩擦力を受けずに慣性で回転している．その円盤上に人が乗っていて，降りたいのだが怖くて飛び降りられない．何とか円盤の回転を遅くしたい．そこで彼は，円盤の周囲を，円盤が回る方向に走り始めた．そうすれば，足は円盤を逆方向に押すので，回転の速さは遅くなると考えたからである．しかし彼は成功しなかった．なぜか．

(b) 次に彼は，円盤が回る方向と逆向きに，円盤に対して速さvで走り始めた．彼の角速度$\omega_人$はどうなったか．円盤の角速度$\omega_盤$はどうなったか．円盤と（その端にいる）人の，円盤の中心を基準点とした慣性モーメントをそれぞれ$I_盤$，$I_人$とし，円盤の半径をa，走り始める直前の全体の角速度をω_0として計算せよ．

(c) 彼は走りながら円盤から飛び降りるのは大変だと思ったので，別の方法を考えた．円盤のすぐ横に立っている人に，自分が目の前に回ってくるたびに，何か重いものを渡してくれるように頼んだ．何度も同じことを繰り返した結果，彼は全質量M'だけのものを受け取ることに成功した．そのとき，円盤の角速度はどうなっているか．

(d) 円盤の回転はかなり遅くなってきたが，彼はさらに安全に飛び降りられるように，受け取った物体を放り投げることを考えた．どのように投げればよいか．そのときの円盤の角速度はどうなるか．ただし彼はその物体を，（自分に対して）速さv'で投げられるとする．

第7章 回転運動と剛体 179

答 応用 7.5 高速度撮影した動画を見ると，次のような動きをしているようである．猫は自分が落とされることを瞬間的に察して，落とされる直前から少し回転し始める．しかしそれだけでは回転速度が十分ではないので，上半身を強く回転させる．角運動量は保存するので下半身は逆回転するはずだが，後足を回転軸に対して直角に伸ばしているため下半身の慣性モーメントは大きく，したがって下半身はほとんど逆回転しない．上半身が下に向くと，今度は足をまっすぐに伸ばし（慣性モーメントが小さくなる）下半身を回転させる．そのとき上半身は回転軸に対して斜めになっており，慣性モーメントが大きいのでほとんど逆回転しない．結局上半身も下半身も下を向く．しかし猫がこんな芸当をどこで学んだのか，不思議な現象であることに変わりはない．

答 応用 7.6 (a) 確かに円盤の角速度は減るが，彼自身の角速度は増える．彼が走るのをやめれば，そのときの反動で円盤の角速度は元に戻ってしまう．
(b) 走りだす前の全角運動量 $L = (I_{盤} + I_{人})\omega_0$ が，走り出した後の全角運動量に等しい（保存則）．つまり

$$(I_{盤} + I_{人})\omega_0 = I_{盤}\omega_{盤} + I_{人}\omega_{人}$$

また問題の条件から $(\omega_{盤} - \omega_{人})a = v$ なので，これらを使うと

$$\omega_{人} = \omega_0 - \frac{I_{盤}}{I_{盤}+I_{人}}\frac{v}{a}, \quad \omega_{盤} = \omega_0 + \frac{I_{人}}{I_{盤}+I_{人}}\frac{v}{a}$$

となる．$\omega_{盤}$ は ω_0 より大きくなるが，彼の角速度は ω_0 よりも小さくなる（問 (a) の場合は上式で第 2 項の符号が逆になる）．
(c) 円盤＋彼＋物体 という系の角運動量保存則を考える．ほとんど手渡しという形で物体を受け取ったとすれば物体には最初は角運動量はないだろうから，受け取る前の全系の角運動量 $(I_{盤} + I_{人})\omega_0$ が保存する．受け取った後の慣性モーメントは $M'a^2$ だけ増えるので，そのときの角速度 ω_0' は

$$(I_{盤} + I_{人} + M'a^2)\omega_0' = (I_{盤} + I_{人})\omega_0 \quad \rightarrow \quad \omega_0' = \frac{I_{盤}+I_{人}}{I_{盤}+I_{人}+M'a^2}\omega_0$$

(d) 投げられた物体は角運動量を持ち去る．その大きさは式 (7.6) より $\phi = \frac{\pi}{2}$ のとき最大になる．つまり半径と垂直な方向すなわち円盤の接線方向（円盤の回転方向）に投げればよい．反動で円盤にブレーキがかかる．持ち去られる角運動量は $M'a(v' + a\omega_0')$ である（彼自身の速度 $a\omega_0'$ を忘れないように）．残りの角運動量から角速度が得られる（計算は省略）．…しかしそもそもなぜ臆病な彼が，回る円盤の上に乗っていたのだろうか（類題 7.5 参照）．

応用 7.7（円運動ではない惑星のエネルギー）　惑星に働く太陽の力は中心力なので，惑星の角運動量は変わらない（基本問題7.4）．このことを使って，軌道が円ではない惑星がもつ力学的エネルギー E を求めよう．まず，惑星と太陽の距離を r とし（これは時間とともに変化する），太陽と惑星間の重力により位置エネルギーを，式を簡単にするために $-\frac{k}{r}$ と書こう（第5章の記号では $k = GMm$ である）．

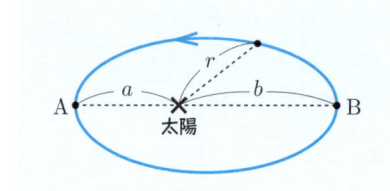

惑星の楕円軌道
A：太陽に最も近い（近日点）
B：太陽から最も遠い（遠日点）

すると，エネルギーは

$$E = r\text{方向の運動エネルギー} + \text{回転運動のエネルギー} - \frac{k}{r}$$

と書ける．ここで，回転運動のエネルギーを角運動量で表し，さらに，惑星の位置を図のAまたはBに限定すると，上式はどのようになるか．その式から $a+b$ とエネルギーの関係を求めよ．

応用 7.8（月は昔は近かった）　潮の満ち干きの影響で地球の自転は遅くなっている（類題4.3）．同時に地球と月の距離は少しずつ広がっている．この2つの現象には密接な関係がある．話を簡単にするために，地球の中心は静止しており，月がその周囲を円運動していると考えよう．地球の中心を基準点とすると，地球の自転の遅れによる角運動量の減少分だけ，月がもつ角運動量が増加し，その結果として月が遠ざかるのである．その計算をしてみよう．

(a)　万有引力による円運動の場合の，角運動量 L と円運動の半径 r の関係を求めよ（万有引力は $\frac{k}{r^2}$ と表せ．円運動の運動方程式と $L = mvr$ を使えばよい）．

(b)　地球は一様な球ではないので，慣性モーメント I は $\frac{2}{5}MR^2$ ではなく $0.333MR^2$ に近い（M と R は地球の質量と半径）．地球の自転の角速度が $\Delta\omega$ だけ減ったときに，月と地球（の中心）との距離が，r_1 から r_2 に増えたとする．角運動量保存則を使って，昔の距離 r_1 を他の量によって表せ．

(c)　月の誕生の頃（45億年ほど前），1日は約5時間であった．そのときの月までの距離を推定せよ．ただし $\frac{M}{m} \fallingdotseq 80$, $R \fallingdotseq 6400$ km, $r_2 \fallingdotseq 60R$ とせよ．

第 7 章　回転運動と剛体　　　　　　　　　　　　　　　　　　181

答 応用 7.7　(a)　近日点あるいは遠日点は r が極値（最大または最小）になる位置なので，r の時間微分はゼロ．つまり r 方向の運動エネルギーはない．したがって

$$E = \frac{L^2}{2mr^2} - \frac{k}{r}$$

となる．これは

$$r^2 + \frac{k}{E} r - \frac{k^2}{2mE} = 0$$

という 2 次方程式になり，その 2 つの解が図の a と b である．2 次方程式の性質から，2 つの解の和は 1 次の項の係数（の逆符号）に等しく

$$-\frac{k}{E} = a + b \quad \rightarrow \quad E = -\frac{k}{a+b} = -G\frac{Mm}{a+b}$$

$a + b$ とは楕円の長半径（最も長い方向の半径）の 2 倍である．つまりエネルギーは長半径だけで決まる．半径 r の円軌道だったら $a + b = 2r$ だから $E = -\frac{k}{2r}$ であり，全エネルギーは位置エネルギー（< 0）の半分になる（これは運動方程式からすぐにわかる）．

答 応用 7.8　(a)　質量 × 向心加速度 = 万有引力 より，$m\frac{v^2}{r} = \frac{k}{r^2}$．$L = mvr$ を使って v を消去すれば，$r = \frac{L^2}{km}$．あるいは $L = \sqrt{kmr}$．
(b)　月の最初と最後の角運動量を L_1, L_2 とすれば

$$L_2 = L_1 + I\Delta\omega$$

すなわち（m を月の質量として）

$$\sqrt{kmr_2} = \sqrt{kmr_1} + I\Delta\omega$$

したがって

$$r_1 = \left(\sqrt{r_2} - I\frac{\Delta\omega}{\sqrt{km}}\right)^2$$

$km = GMm^2 = gR^2m^2$ と I の式を使って少し書き換えると

$$r_1 = r_2(1 - X)^2 \quad \text{ただし} \quad X = 0.333\left(\frac{M}{m}\right) R \frac{\Delta\omega}{\sqrt{gr_2}}$$

(c)　まず $\Delta\omega$ から計算しよう．

$$\Delta\omega = 2\pi\left(\frac{1}{5}\text{時} - \frac{1}{24}\text{時}\right) \fallingdotseq \frac{2\pi}{3600} \times 0.158\,\text{s}^{-1} \fallingdotseq 2.76 \times 10^{-4}\,\text{s}^{-1}$$

$$\rightarrow \quad X = 0.333 \times 80 \times \sqrt{6.4 \times 10^6} \times \frac{2.76 \times 10^{-4}}{\sqrt{10 \times 60}} \fallingdotseq 0.76$$

$$\rightarrow \quad r_1 \fallingdotseq 0.058 r_2 \fallingdotseq 3.5R$$

つまり地球から，その半径の 3 倍ほどの所に月があったことになる．実際，そうだったろうと思われている．そして現在も月は少しずつ遠ざかり（年に約 4 cm），地球の 1 日は少しずつ長くなっている（10 万年に約 1 秒）．

第 7 章　回転運動と剛体

類題 7.4　応用問題 7.8 で，月が地球から離れるにつれ，月の公転の角速度は速くなるか，遅くなるか．公転の周期はどうなるか．

類題 7.5　応用問題 7.6 の主人公は，最初は，止まっている円盤の中心に座っていた．ところが，いきなり円盤が角速度 ω で回り始めた（横に立っている人が，こっそりモーターを動かしたのである）．びっくりした彼は円盤の周囲まで歩いていった．そのときはすでにモーターのスイッチは切ってあったが，円盤は慣性で回り続け，角運動量は不変であった．そのとき円盤の角速度はどうなったか．全エネルギーは増えたか，減ったか．その変化は何による仕事の結果なのか．

■ **コラム**

月に働く力 —— 応用問題 7.8 では角運動量保存則という抽象的な法則を使って，月と地球の距離の変化を計算したが，実際にどんな力が働いてそうなっているのか説明しないと，実感としてわかった気にならないという人も多いだろう（計算結果が実感として納得できるかは，理解にとって重要なポイントである）．

話の出発点は，地球上の海洋の潮汐であった．月に向く方向（とその反対方向）が満潮の位置だが，地球は自転しているのでその位置は常に変わっている．そして海水の移動には摩擦が働くので移動が遅れ，図のように，満潮の位置は月の方向から少しずれることになる．その膨れた部分が月を引っ張る（月が海水を引っ張る力の反作用である）．月は斜め方向に引っ張られることになるので，角運動量が増える．ゴムひもに重りを付けて振り回すというイメージで考えればいいだろう．

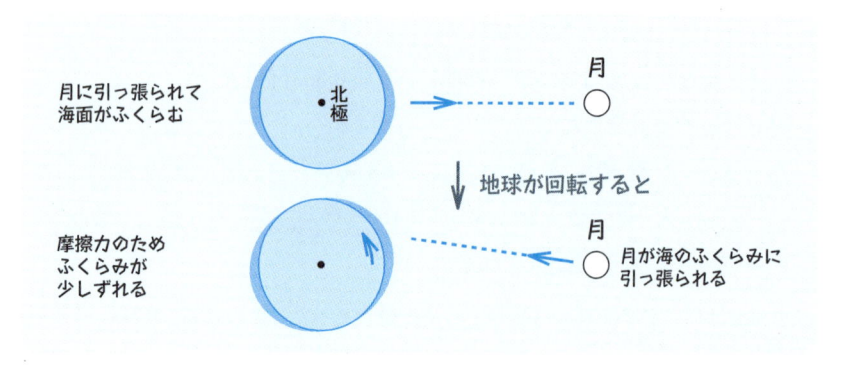

類題の解答

答 類題 1.1 (a) $15\,\text{m} \div 5\,\text{人} = (15 \div 5) \times (\text{m} \div \text{人}) = 3\,\text{m/人}$
(b) $3\,\text{m/人} \times 5\,\text{人} = (3 \times 5) \times (\text{m/人} \times \text{人}) = 15\,\text{m}$

答 類題 1.2 (a) $32 \times 1000\,\text{m} = 32000\,\text{m} = 3.2 \times 10^4\,\text{m}$, あるいは, $32\,\text{km} \times 1000\,\text{m}/1\,\text{km} = 3.2 \times 10^4\,\text{m}$, (b) $32 \times 1000 \times 100\,\text{cm} = 3200000\,\text{cm} = 3.2 \times 10^6\,\text{cm}$, (c) $3.2 \times 10^7\,\text{mm}$, (d) $3.2 \times 10^{10}\,\mu\text{m}$, (e) $32 \div 1000\,\text{Mm} = 0.032\,\text{Mm} = 3.2 \times 10^{-2}\,\text{Mm}$

答 類題 1.3 (a) $1\,\text{km}^2 = 1000\,\text{m} \times 1000\,\text{m} = 10^3 \times 10^3\,\text{m} = 10^6\,\text{m}^2$
(b) $1\,\text{km}^3 = 1000\,\text{m} \times 1000\,\text{m} \times 1000\,\text{m} = 10^9\,\text{m}^3$
(c) $1\,\text{cm} = 0.01\,\text{m} = 0.01 \times 10^9\,\text{nm} = 10^7\,\text{nm}$. したがって, 原子の個数は

$$（全体の体積） \div （原子1個当たりの体積） = (10^7\,\text{nm})^3 \div (10^{-1}\,\text{nm})^3$$
$$= 10^{21} \div 10^{-3} = 10^{24}$$

となる. 原子1個当たりの体積は $10^{-3}\,\text{nm}^3$ だが, 1個当たりという意味で $10^{-3}\,\text{nm}^3/$個 と書いてもよい. すると最後の結果は「10^{24} 個」になる.

答 類題 1.4

$$60\,\text{m/分} = 60 \times 1\,\text{m} \div 1\,\text{分} = 60 \times 1\,\text{m} \div 60\,\text{秒}$$
$$= (60 \div 60) \times 1\,\text{m} \div 1\,\text{秒} = 1\,\text{m/s}$$

時速にするには

$$60\,\text{m/分} = 60 \times 1\,\text{m} \div 1\,\text{分} = 60 \times 1\,\text{m} \div \left(\tfrac{1}{60}\,\text{時間}\right)$$
$$= \left(60 \div \tfrac{1}{60}\right) \times 1\,\text{m} \div 1\,\text{時間} = 3600\,\text{m/時}\ (= 3.6\,\text{km/時})$$

あるいは

$$60\,\text{m/分} = 60 \times 1\,\text{m} \div 1\,\text{分} \times \left(\tfrac{60\,\text{分}}{1\,\text{時間}}\right) = (60 \times 60) \times 1\,\text{m} \div 1\,\text{時間}$$

としてもよい.

答 類題 1.5 (a) 正負も考えると, vt 図のグラフで v の値はすべての時刻で減っている.
(b) vt 図で $t > t_1$ では $v < 0$ になっている.
(c) v のグラフの面積が, 時刻 0 から t_1 までと, t_1 から t_2 までで等しい. つまりプラスの変位とマイナスの変位が打ち消し合う.

答 類題 1.6 (a) **考え方** で述べたことから，$2t$ も 3 も，単位 m での数値でなければならない．t は単位 s での数値なので，2 は単位 m/s での数値でなければならない．(b) $v = \frac{dx}{dt} = 2$. 2 は単位 m/s での数値であり，これは速度の単位なので，単位の関係は正しくなっている．

答 類題 1.7 (a) 0 から $2T$ まで，(b) $2T$ から $4T$ まで，(c) 0 から $4T$ まで（0 から $2T$ までの面積と，$2T$ から $4T$ までの面積が等しいので，時刻 $4T$ になって初めて出発点に戻る），(d) 0 から $2T$ まで，(e) 右のグラフを参照

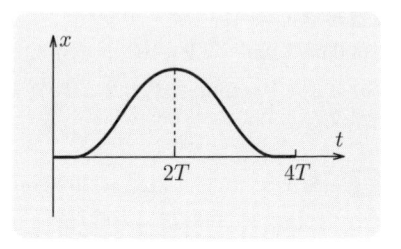

答 類題 1.8 (a) 右の図を参照．$v = 0$ になる時刻は $t_0 = -\frac{a}{b}$ (> 0) ($b < 0$ だから $t_0 > 0$ であることに注意)．そこまでの三角形の面積は $\frac{1}{2}(-\frac{a}{b})a = -\frac{1}{2}\frac{a^2}{b}$．積分で計算すれば

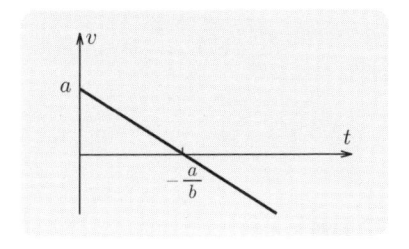

$$\int_0^{t_0} (a + bt)\, dt$$
$$= \left[at + \tfrac{1}{2}bt^2\right]_0^{t_0} = at_0 + \tfrac{1}{2}bt_0^{\,2}$$
$$= a\left(-\tfrac{a}{b}\right) + \tfrac{1}{2}b\left(-\tfrac{a}{b}\right)^2 = -\tfrac{1}{2}\tfrac{a^2}{b}$$

となり，三角形の面積に等しい（当然のことだが）．
(b) 右に進んだのと同じように左に戻るのだから，右に進んだ時間の 2 倍，つまり $2t_0 = -\frac{2a}{b}$ に元に戻ると推定される．実際，一般の時刻 t での変位は，上の積分で t_0 のところを t として

$$\text{変位} = at + \tfrac{1}{2}bt^2$$

だが，これがゼロになる時刻は $t = -\frac{2a}{b} = 2t_0$ である．

答 類題 2.1 最初はプラス方向に動かし，アクセルを踏んで時刻 B までさらに加速する．その後，アクセルを少しずつ上げて減速させ，裏側にバネの付いた頑丈な板に正面衝突させる（時刻 C の直前）．ギアをニュートラルにしてバネの力で自動車が板からはね返るのを待つ．はね返り始めたらギアをバックに切り替え，板からはなれた後（時刻 C の後）は，後ろ向きにどんどん加速する（現実にこんなことが可能かは保証しない）．

答 類題 2.2 (a) AB 間：プラス方向に進みながら減速する，BC 間：プラス方向に進みながら加速する．(b) BC 間．(c) AB 間．(d) 最も大きいのは C，最も小さいのは A．(e) (f) 下図

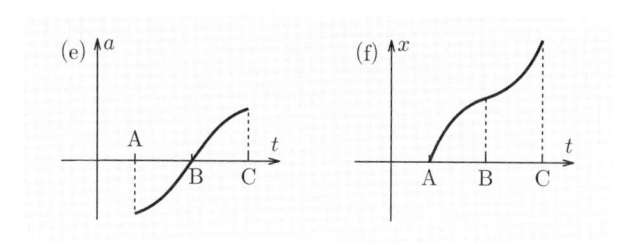

答 類題 2.3 (a) $(5-(-3))$ m/s $\div 5$ s $= 1.6$ m/s^2，(b) $((-5)-3) \div 5 = -1.6$ (m/s)，(c) $(3-3) \div 5 = 0$ （途中での速度は 5 秒間の平均加速度には関係しない．加速度は最初がマイナス，その後はプラスで，平均すればゼロだということ）．

答 類題 2.4 60 km/時 $= 60000$ m $\div 3600$ 秒 $= \frac{50}{3}$ m/s のことを v_0（初速度）と書く．基本問題 2.3 の答えと比較しながら見ると，何が同じで何が違うのか興味深い．符号に気をつけよう．

(a) 速度と時間の関係を知りたいのだから式 (2.3b)．$v = at + v_0$ だから，$v = 0$ になるまでの時間 T は $T = -\frac{v_0}{a}$．最初に走っている方向をプラスとすれば（つまり $v_0 > 0$），減速の加速度 a はマイナスでなければならない．具体的には

$$T = -\frac{v_0}{a} = -\frac{50}{3} \text{ m/s} \div (-3 \text{ m/s}^2) \fallingdotseq 5.6 \text{ s}$$

自動車が走った距離（自動車の変位）は $x - x_0$ なので

$$x - x_0 = \tfrac{1}{2} aT^2 + v_0 T = -\tfrac{1}{2} aT^2 \fallingdotseq 46 \text{ m}$$

式 (2.4) を使っても計算できる．

(b) $v_0 = 60$ km/時 $(= 50/3$ m/s)，$t = 5$ s で $v = 0$ なのだから，求める加速度 a は

$$a = \frac{v - v_0}{t} = -\frac{50}{3} \text{ m/s} \div 5 \text{ s} = -\frac{10}{3} \text{ m/s}^2 \fallingdotseq -3.3 \text{ m/s}^2$$

(c) 距離と速度の関係が与えられているので式 (2.4) を使う．この式に $x - x_0 = 100$ m，$v = 0$，$v_0 = \frac{50}{3}$ m/s を代入すれば

$$a = \frac{v^2 - v_0^2}{2(x - x_0)} = -\left(\frac{50}{3} \text{ m/s}\right)^2 \div 200 \text{ m} = -\frac{2500}{1800} \text{ m/s}^2 \fallingdotseq -1.4 \text{ m/s}^2$$

答 類題 2.5

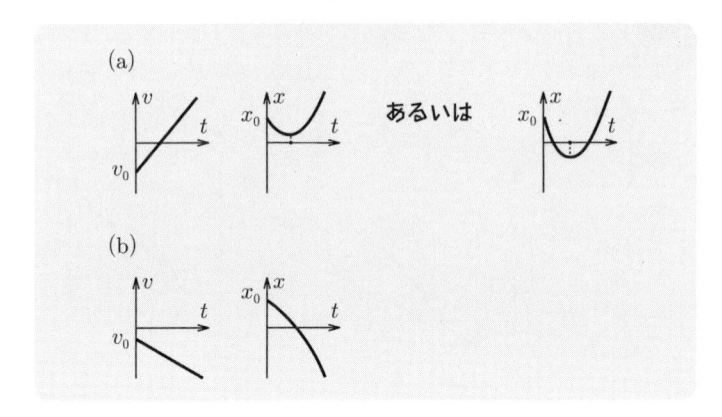

[グラフ: (a) v-t グラフ(右上がり直線, 切片 v_0), x-t グラフ(下に凸の放物線) あるいは x-t グラフ(下に凸の放物線で頂点が t 軸より上); (b) v-t グラフ(右下がり直線, 切片 v_0), x-t グラフ(上に凸の放物線)]

答 類題 2.6

速度の変化 $(v - v_0) = \int_0^t a\, dt' = at$

位置の変化 $(x - x_0) = \int_0^t v\, dt' = \int_0^t (v_0 + at')\, dt' = v_0 t + \frac{1}{2} at^2$

答 類題 2.7 (a) 基本問題 2.9 と同様に $x = \frac{1}{2} gt^2$ という関係が使えるが（下向きをプラス），ここでは基本問題 2.9 とは逆に x から t を求めるので，$t = \sqrt{\frac{2x}{g}}$ として使う．

$$t = \sqrt{2 \times 1\,\mathrm{m} \div 10\,\mathrm{m/s^2}} = \sqrt{0.2}\,\mathrm{s} \fallingdotseq 0.45\,\mathrm{s}$$

(b) x が 2 倍になるので，t は $\sqrt{2}$ 倍になる．

(c) 1 m のところから投げ上げた物体に対して，初速度がゼロではないので，$x = v_0 t + \frac{1}{2} gt^2$ という式を使う．v_0 を知りたいのだから $v_0 = \frac{x - \frac{1}{2} gt^2}{t}$ と変形する．ここに落下距離と落下時刻 ($x = 1\,\mathrm{m}$ と問 (b) の t) を代入すればいいのだが，$\frac{1}{2} gt^2 = 2x$ であることはわかっているので (t は問 (b) の答えだから)，$v_0 = -\frac{x}{t} \fallingdotseq -1.6\,\mathrm{m/s}$ となる（マイナスなのは上向きだから）．両手を使って試してみよう．

答 類題 2.8 水平方向は等速運動，垂直方向は自由落下で考えればよい．ボールが捕手のミットに着くまでの時間 t は

$$t = 19\,\mathrm{m} \div 150\,\mathrm{km/時} = 19\,\mathrm{m} \div (150000\,\mathrm{m} \div 3600\,\mathrm{s}) \fallingdotseq 0.456\,\mathrm{s}$$

この間の落下距離は

$$落下距離 = \frac{1}{2} gt^2 = \frac{1}{2} \times 10 \times (0.456)^2\,\mathrm{m} \fallingdotseq 1.0\,\mathrm{m}$$

このように自由落下させるためにはボールを回転しないように投げなければならない．いわゆるフォークボールである（普通に投げるとボールは上向きに回転し，空気との相互作用で上向きの力を受ける）．

類題の解答 **187**

答 類題 2.9 (a) $\theta_0 = 0$ のとき最適な θ は $\frac{\pi}{4}$ なのだから，条件は k を何らかの定数として $\theta + k\theta_0 = \frac{\pi}{4}$ という形になると想像できる．後は，$\theta_0 = \frac{\pi}{2}$ に近づいたとき θ が何になるかを考えてみよう（$\theta < 0$ になるはずはないので，k は少なくとも $\frac{1}{2}$ 以下である）．

(b) 着地点までの長さを L とすれば，その x 座標と y 座標は $(L\cos\theta_0, -L\sin\theta_0)$. この点が軌道上にあるとすれば，何らかの時刻 t に対して（応用問題 2.6 の解答の式より）

$$L\cos\theta_0 = v\cos\theta\, t, \qquad -L\sin\theta_0 = -\tfrac{1}{2} g t^2 + v\sin\theta\, t$$

t を消去すれば

$$-L\sin\theta_0 = -\tfrac{1}{2} g \left(\tfrac{L\cos\theta_0}{v\cos\theta}\right)^2 + v\sin\theta\, \tfrac{L\cos\theta_0}{v\cos\theta}$$

（この結果は応用問題 2.8 のように軌道の式 (2.7) を使っても得られる）．全体を L で割ってから移項すれば

$$\tfrac{g}{2v^2} L \left(\tfrac{\cos\theta_0}{\cos\theta}\right)^2 = \tfrac{\sin\theta\cos\theta_0}{\cos\theta} + \sin\theta_0$$

$$\rightarrow \quad \tfrac{g}{2v^2} L = \tfrac{\sin\theta\cos\theta_0}{\cos\theta_0} + \tfrac{\cos^2\theta\sin\theta_0}{\cos^2\theta_0} = \tfrac{\sin 2\theta}{2\cos\theta_0} + (1 + \cos 2\theta)\tfrac{\sin\theta_0}{2\cos^2\theta_0}$$

(c) 両辺を θ で微分すると

$$\tfrac{g}{2v^2} \tfrac{dL}{d\theta} = \tfrac{\cos 2\theta}{\cos\theta_0} - \tfrac{\sin 2\theta \sin\theta_0}{\cos^2\theta_0}$$

$\frac{dL}{d\theta} = 0$ なのだから

$$0 = \cos 2\theta\cos\theta_0 - \sin 2\theta\sin\theta_0 = \cos(2\theta + \theta_0)$$

$$\rightarrow \quad 2\theta + \theta_0 = \tfrac{\pi}{2} \quad \rightarrow \quad \theta = \tfrac{\pi}{4} - \tfrac{\theta_0}{2}$$

つまり θ は 45°（応用問題 2.6 のケース）よりも，$\frac{\theta_0}{2}$ だけ下に向けるのがよい．

(d) $\theta_0 = \frac{\pi}{6}$, $\theta = \frac{\pi}{6}$ である．そのときは

$$\tfrac{\sin 2\theta}{2\cos\theta_0} + (1 + \cos 2\theta)\tfrac{\sin\theta_0}{2\cos^2\theta_0} = \tfrac{\sin\frac{\pi}{3}}{2\cos\frac{\pi}{6}} + \left(1 + \cos\tfrac{\pi}{3}\right)\tfrac{\sin\frac{\pi}{6}}{2\cos^2\frac{\pi}{6}} = 1$$

より

$$v = \sqrt{\tfrac{g}{2} L \div 1} \fallingdotseq \sqrt{500} \text{ m/s} \fallingdotseq 22 \text{ m/s}$$

約 80 km/時である．もっともらしいだろうか．

答 類題 2.10 軌道の式 (2.7) を少し整理すると

$$y = \tfrac{1}{2} \tfrac{g}{v_0^2} \tfrac{x}{\cos^2\theta} \left(x - \tfrac{2v_0^2}{g}\sin\theta\cos\theta\right)$$

となるので，着地点（$y=0$ となる x）は

$$x = \frac{2v_0{}^2}{g} \sin\theta\cos\theta$$
$$= \frac{v_0{}^2}{g} \sin 2\theta$$

となる．これを最大にするには $\theta = \frac{\pi}{4}$ とすればよい．

答 類題 2.11 応用問題 2.8 の解答の式 (∗) を解けばよい．

$$v^2 = \frac{gL^2}{2\cos^2\theta} \frac{1}{L\tan\theta - h}$$

v^2 はプラスでなければならないから，$\tan\theta > \frac{h}{L}$．また，v^2 は有限でなければならないから $\theta < \frac{\pi}{2}$．どちらも，θ の意味を考えれば当然である．

答 類題 3.1 どちらが押し勝つかは，足と土俵の摩擦力の大小で決まる．そしてそれは足と土俵の間の垂直抗力で決まる．垂直抗力は体重だけでは決まっていない．相手に押された力をいかに足の裏に伝達して，足が土俵を押す力を増やせるかによって，勝負が決まるのである．

答 類題 3.2 問 (b) では，重力加速度 g と，1 m という長さを組み合わせて，時間という次元をもつ答えを求める．答えが，a と b を何らかの定数として $g^a\,(1\,\mathrm{m})^b$ に比例しているとしよう．重力加速度 g の次元は「長さ ÷ (時間)^2」だから，

$$g^a(1\,\mathrm{m})^b \text{ の次元} = \text{長さの}\,(a+b)\,\text{乗} \times \text{時間の}\,(-2a)\,\text{乗}$$

これが時間の 1 乗（そして長さの 0 乗）であるためには

$$a+b=0, \quad -2a=1 \quad \rightarrow \quad a=-b=-\tfrac{1}{2}$$

つまり答えは重力加速度の平方根に反比例する．また問 (c) では，重力加速度 g と初速度 v を組み合わせて，長さという次元をもつ量を作らなければならない．答えが $g^a v^b$ という形になるとすると，上と同様の計算で

$$a+b=1, \quad -2a-b=0 \quad \rightarrow \quad a=-1$$

つまり答えは g に反比例する．

答 類題 3.3 もし $\mu < \mu'$ だったら，最大静止摩擦力よりも動摩擦力のほうが大きいことになる．したがって，基本問題 3.5 で物体が静止摩擦力を振り切って動き出したとしても，動摩擦力のほうが大きいのだから，引っ張った方向と逆方向に動き出すことになる．引っ張ったら逆方向に動き出すという現象など見たことがない．

答 類題 3.4 (a) 働いている力は重力と動摩擦力であり、位置や速度によらずに一定である。したがって加速度は一定なので、等加速度運動になる。
(b) 重力は上りも下りも方向は同じだが、動摩擦力の方向は逆になる（下りのときは上向き）ので、加速度の大きさは上りのときのほうが大きい（具体的には応用問題 3.3 とその下の類題 3.9 で計算する）。

答 類題 3.5 (a) それぞれの物体に同じ摩擦力が働くのだから、全体としては 2 倍になる。全体の重さが 2 倍になるので垂直抗力が 2 倍になるからと考えてもよい。
(b) 半分に切るのだから、それぞれについては重さが半分、したがって垂直抗力も半分になる。したがって摩擦力も半分になるが、それが 2 つあるのだから、合計すれば元の摩擦力と変わらない。
(c) たとえば式 (3.4) は

$$最大静止摩擦力 = \mu \times 圧力 \times 接触面積$$

となる。問 (a) では圧力が変わらずに接触面積が 2 倍になるので摩擦力も 2 倍になり、また問 (b) では圧力が半分になり接触面積は 2 倍になるので摩擦力は変わらない。

答 類題 3.6 議論自体は何も変わらない。単に水圧の部分を気圧に置き換えればよい。しかし水と空気では（単位体積当たりの）質量が大きく違うので、浮力（物体の体積当たりの水、あるいは空気の重さに等しい）の大きさがまったく異なる。水に浮く物体はたくさんあるが、空気に浮く物体はあまり多くない（たとえばヘリウムが入った風船などがあるが）。

答 類題 3.7 (a) 直観的に考えれば、T_1 は物体とヒモの両方を支えるのだから $(m+m')g$、T_2 は物体だけを支えるのだから mg であると想像できる。つり合いの式を書けば（T_2 はヒモが物体を引っ張る力であると同時に、物体がヒモを引っ張る力であることに注意）

$$ヒモのつり合い： T_1 - T_2 - m'g = 0$$
$$物体のつり合い： T_2 - mg = 0$$

組み合わせれば予想通りの結果になる。
(b)

$$ヒモの運動方程式： m'a = -m'g + T_1 - T_2$$
$$物体の運動方程式： ma = T_2 - mg$$

これより，$T_2 = m(a+g)$, $T_1 = m'(a+g) + T_2 = (m+m')(a+g)$ となる．これも予想通りの結果だろうか．

答 類題 3.8 $\cos\theta + \mu\sin\theta = \cos\theta(1+\mu\tan\theta) = \cos\theta(1+\mu^2)$ と，三角関数の公式 $\frac{1}{\cos^2\theta} = 1 + \tan^2\theta$ を使えばよい．

答 類題 3.9 上がるときとは摩擦力の方向が変わるので

$$\text{加速度} = g(\sin\theta - \mu'\cos\theta) = g\cos\theta(\tan\theta - \mu')$$

となる．滑り始めたのならば $\tan\theta > \mu$ ($> \mu'$) なので，第2項はマイナスだが加速度全体は常にプラスである．

答 類題 3.10 三角関数の公式を使うと

$$F_1 + F_2 = \frac{mg}{\sin(\theta_1+\theta_2)}(\sin\theta_2 + \sin\theta_1)$$
$$= \frac{2mg}{\sin(\theta_1+\theta_2)}\sin\frac{\theta_1+\theta_2}{2}\cos\frac{\theta_1-\theta_2}{2}$$

$\theta_1 + \theta_2$ は決まっているという条件でこれを最小にするには $\cos(\frac{\theta_1-\theta_2}{2})$ を最小にすればよい．それには $\theta_1 - \theta_2$ を最大にすればよい．θ_1 と θ_2 の差を最大にするということだから，一方を最小の角度であるゼロにすればよい．

注1 この場合，角度がゼロになったほうが，この物体の重さをすべて受け持つことになる．角度がゼロにならず負担を分け合うと，$F_1 + F_2 > mg$ になるのだから合計では必ず損をするということだ．しかしもちろん，助け合わないほうがいいと言いたいのではない．●

注2 θ_1 も θ_2 もゼロにする極限で $F_1 + F_2$ は mg になる（という当然の）ことを，上の式から証明できるだろうか（$\frac{\sin\frac{\theta}{2}}{\sin\theta}$ が $\theta \to 0$ の極限で $\frac{1}{2}$ になることを証明しなければならない．ロピタルの定理というものを使って分子，分母を微分すればいいのだが，数学の本を見ていただきたい．数学が役に立つことが実感できる）．●

答 類題 3.11 接触面に空気が入り込んでいる場合は，下からの大気圧が上からの大気圧を支えるので，台が物体に及ぼす垂直抗力は，物体が受ける重力とつり合うだけでよい．したがって物体が台に及ぼす垂直抗力も（作用反作用の法則から）同じである．しかし密着している場合には，やはり作用反作用の法則から，台が物体から受ける垂直抗力も膨大になる．といっても心配する必要はない．これは物体が存在しなかったら，元々，台の表面が受けていた大気圧に等しい．物体がないときに台が大気圧に耐えていたのなら，物体を置いたとしても（物体自体が重すぎない限り）台は耐えられる．

類題の解答

答 類題 3.12　$1\,\mathrm{m}^3$ 当たりの空気の質量は

$$29\,\mathrm{g} \div 0.0248\,\mathrm{m}^3 \fallingdotseq 1.2\,\mathrm{kg/m}^3$$

したがって，$1\,\mathrm{m}^2$ 当たり $10^4\,\mathrm{kg}$（問 (b)）の大気の厚さは，$(10^4 \div 1.2)\,\mathrm{m} \fallingdotseq 8000\,\mathrm{m}$（これは，大気のうちでももっとも下にある対流圏の高さに近い．実際には薄い大気が，さらにその上 $100\,\mathrm{km}$ 程度の高度まで広がっている）．

答 類題 4.1　(a)　天体表面では，天体の質量を M，半径を R とすると，$g = \frac{GM}{R^2}$ である．もし天体を構成している物質の質量密度が同じだったら，質量 M は R の 3 乗（体積）に比例する．したがって g 全体としては半径 R に比例する．したがって問題の条件下では，月面上の g は地表上の g の約 3.7 分の 1 になる．
(b)　問 (a) の答えの約 0.6 倍である．これは月の平均質量密度が，地球よりもそれだけ小さいことを意味する（その理由は，地球の中心部にある，鉄を主成分とする核が月には存在しないからだと思われている．月表面の岩石は地球上層の岩石に似ていることもわかっている．これらのことは月の誕生過程を推測する上で重要なポイントとなる）．

答 類題 4.2　地球中心から距離 r の位置にいる人が感じる重力を，半径 r の球の部分の効果と，その外側の球殻（中に空洞のある球）の効果に分けて考える．半径 r の球の部分の重力は，類題 4.1(a) の解答から r に比例することがわかる．またこの人は，球殻の内側（厳密にはその境界）にいるので，球殻の部分からの重力は受けない．四方八方から受ける重力が打ち消し合うからである．つまり穴の底での重力は地球中心からの距離に比例する．ただし類題 4.1(b) の解答を考えると，質量密度が一定という仮定は正しくはないようである．

答 類題 4.3　地球の潮汐力により，月の地球方向とその反対側が膨らむような力が働く．もし月の地球を向く面が回転していたら，膨らむ方向が変化しなければならず，流動的な岩石の移動が起こる．この移動には摩擦が伴うので，月の回転（自転）に対するブレーキとなる．一定の面を地球に向けるようになって，この岩石の移動が止まった．実は地球の海の干満も地球の自転に対するブレーキになっており，地球の自転は少しずつ遅くなっている（地球誕生の頃は地球の 1 日は 5 時間程度だった）．

答 類題 5.1　加速度は一定値 $\frac{F}{m}$ なので，変位と速度の関係 (2.4) より

$$v^2 = 2\frac{F}{m}x \quad \rightarrow \quad 仕事 = Fx = \frac{m}{2}v^2$$

答 類題 5.2

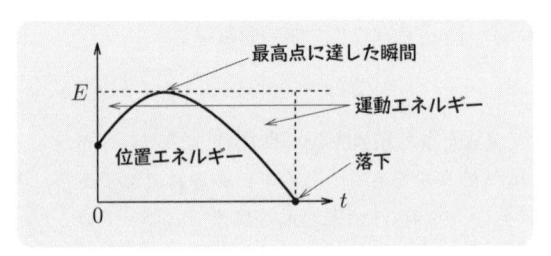

答 類題 5.3 (a) 物体間の力に逆らって2つの物体を引き離すには大きさ F の外力が必要なので，d だけ引き離すのに必要な仕事は Fd である．
(b) 各エネルギーを計算する．

$$\text{物体 A の運動エネルギー：} \quad \tfrac{1}{2}mv^2 = \tfrac{1}{2}m\left(\tfrac{Ft}{m}\right)^2 = \tfrac{1}{2}\tfrac{F^2}{m}t^2$$

$$\text{物体 B の運動エネルギー：} \quad \tfrac{1}{2}MV^2 = \tfrac{1}{2}\tfrac{F^2}{M}t^2$$

$$\text{位置エネルギー：} \quad F(X-x) = FR - \tfrac{F^2}{2}\left(\tfrac{1}{M}+\tfrac{1}{m}\right)t^2$$

これらをすべて足すと FR，つまり定数になる．
(c) 重いほうの物体（B）の運動エネルギーはゼロのままで変わらない．物体 A の運動エネルギーと位置エネルギーだけで，保存則が成り立つ．

答 類題 6.1 バネの自然長から $\tfrac{mg}{k}$ だけ伸びた位置（つり合いの位置）を中心とする単振動だが，この場合は特に初期条件から，振幅が $\tfrac{mg}{k}$ になる．

答 類題 6.2

$$U = \tfrac{1}{2}kX^2 + mgX + \text{定数} = \tfrac{1}{2}k\left(X + \tfrac{mg}{k}\right)^2 + \text{定数}'$$

予想通り，$X = -\tfrac{mg}{k}$ というつり合いの位置で U は最小になる．

答 類題 6.3 それぞれ x' ずつ伸ばした時点では全体としては $2x'$ だけ伸びているので，そのときにバネをさらに伸ばすのに必要な最小限の力は $2kx'$．したがって，両端で $\tfrac{x}{2}$ ずつ同時に伸ばすときの仕事は，

$$\text{仕事} = 2 \times \int_0^{x/2} 2kx'\, dx' = 2 \times 2k \times \tfrac{1}{2}\left(\tfrac{x}{2}\right)^2 = \tfrac{1}{2}kx^2$$

このようなプロセスを考えても，正しいバネのエネルギーが得られる．

答 類題 6.4 (a) 一般的な解として式 (6.2) と (6.4) を使うと

$$\text{運動エネルギー} = \tfrac{1}{2}mv^2 = \tfrac{1}{2}mA^2\omega^2\cos^2(\omega t + \theta_0)$$

$$\text{位置エネルギー} = \tfrac{1}{2}kx^2 = \tfrac{1}{2}kA^2\sin^2(\omega t + \theta_0)$$

$\omega^2 = \frac{k}{m}$ を使えば，合計は $\frac{1}{2}kA^2$（定数）．時間的平均は三角関数の平均を考える．$\cos^2\theta = \frac{1}{2}(1+\cos 2\theta)$ だから，その平均は $\frac{1}{2}$．$\sin^2(\omega t + \theta_0)$ も同様．

(b) 例として，$\frac{x_1+x_2}{2} = vt$（等速運動），$x_1 - x_2 - l = A\sin\omega t$（単振動）として計算しよう．

$$\text{運動エネルギー} = \tfrac{1}{2}m(v_1{}^2 + v_2{}^2) = \tfrac{1}{4}m\{(v_1+v_2)^2 + (v_1-v_2)^2\}$$
$$= mv^2 + \tfrac{1}{4}mA^2\omega^2\cos^2\omega t$$
$$\text{位置エネルギー} = \tfrac{1}{2}k(x_1 - x_2 - l)^2 = \tfrac{1}{2}kA^2\sin^2\omega t$$

この問題では $\omega^2 = \frac{2k}{m}$ であることを使えば

$$\text{力学的エネルギー} = mv^2 + \tfrac{1}{2}kA^2 = \text{定数}$$

となる．重心の運動（等速運動）と相対運動（単振動）それぞれについてエネルギー保存則が成り立っていることにも注意．

答 類題 6.5 応用問題 6.4 と同じ記号を使うと

$$m\tfrac{d^2x}{dt^2} = k\bigl(\tfrac{1}{2}at^2 - x\bigr)$$

ヒントを参考にして（定数もうまく選んで）

$$\tilde{x} \equiv x - \tfrac{1}{2}at^2 + \tfrac{a}{\omega^2}$$

とすると，$m\frac{d^2\tilde{x}}{dt^2} = k\tilde{x}$ という単振動の式になる．つまり

$$x = \tfrac{1}{2}at^2 - \tfrac{a}{\omega^2} + A\sin(\omega t + \theta_0)$$

A や θ_0 は初期条件から決まるが計算は省略する．少し遅れる（右辺第 2 項の効果）が，物体も平均として等加速度運動しながら単振動することがわかる．

答 類題 6.6 上がってきた床が減速し始め，その下向きの加速度が g よりも大きくなったときに，私は床から飛び上がるだろう（応用問題 6.6 と同様）．床からは（つまりバネからは）何も垂直抗力を受けなくなった時点である．それはバネの力がなくなった時点，つまりバネがその自然長になった時点であり，（バネの上に乗っている）床の質量を M とすれば，最初の床の高さよりも $\frac{Mg}{k}$ だけ上がった位置である．

もちろん，床がそこまで上がってくるためには，私は最初，勢いをつけて床に落ちなければならない．また，勢いがあったとしても，もし摩擦や熱の発生などによって力学的エネルギーが失われれば，床はそこまでは上がらない可能性もある．そのような場合には私は空中浮遊しない．

注 応用問題 6.6 で人が飛び上がるのも，同じ議論から，部屋をぶら下げているバネが自然長になったときであることがわかる．

答 類題 7.1 運動エネルギーは，質点の運動エネルギーと滑車の回転運動のエネルギーがあり，それを足すと

$$\tfrac{1}{2}mv^2 + \tfrac{1}{2}I\dot{\theta}^2 = \tfrac{1}{2}mv^2 + \tfrac{1}{2}I\left(\tfrac{v}{a}\right)^2 = \tfrac{1}{2}\left(m + \tfrac{I}{a^2}\right)v^2 \qquad (*)$$

質点の運動は，加速度が $-\frac{mg}{m+\frac{I}{a^2}}$ の等加速度運動なので，落下距離 x と v との関係は

$$v^2 = -2\frac{mg}{m+\frac{I}{a^2}} \times x \quad (x < 0)$$

これを式 $(*)$ に代入すれば，$(*) = -mgx$．つまり位置エネルギーが減った分だけ運動エネルギーが増えていることがわかる．

答 類題 7.2 球を図のように円板で下から上に分割し，$x = -a$ から a まで積分する．そのうちの，位置 x, 幅 Δx の部分（半径 $\sqrt{a^2 - x^2}$，幅 Δx の円板）の慣性モーメント ΔI は，その部分の質量を ΔM とすれば，問 (c) より

$$\Delta I = \tfrac{1}{2} \Delta M \times (a^2 - x^2)$$

また $\Delta M = \frac{M}{\frac{4}{3}\pi a^3} \times \pi(a^2 - x^2)\Delta x$ なので

$$I = \sum \Delta I = \tfrac{1}{2} \times \tfrac{M}{\frac{4}{3}\pi a^3} \times \pi \times \int_{-a}^{a}(a^2 - x^2)^2\,dx = \tfrac{2}{5}Ma^2$$

答 類題 7.3 3乗の項を展開して整理すれば，$I(d) = \frac{1}{12}Ml^2 + Md^2$ となる．右辺第 1 項が $I(0)$ になる．

答 類題 7.4 応用問題 7.8(a) では L を r で表した．ここでは L を月の公転の角速度（$\omega_月$ と書こう）で表す．そのための式は（$v = \omega_月 r$ なので），$L = m\omega_月 r^2$ と，運動方程式 $m\omega_月^2 r = \frac{k}{r^2}$ である．後者から $r \propto \omega_月^{-2/3}$ なので，$L \propto \omega_月^{-1/3}$，つまり $\omega_月 \propto L^{-3}$ となる．つまり角運動量が増えれば $\omega_月$ は減る．したがって公転周期 $\frac{2\pi}{\omega_月}$ は長くなる．

答 類題 7.5 角運動量 L は不変で慣性モーメント I が増えるのだから角速度は減る（$L = I\omega$）．またエネルギーは $\frac{1}{2I}L^2$ なのだから（理解度のチェック 7.7），L が不変で I が増えれば減る．回転する円盤上を外に向けて歩くとき，人は振り飛ばされないように足に力を入れて踏ん張らなければならない．それがマイナスの仕事になり，エネルギーが減る．

索引

● あ行 ●

圧力　55

位置エネルギー　112
移動距離　12

運動エネルギー　112
運動平面　172
運動量　112
運動量保存則　112

エネルギー　112
エネルギー保存則　114
遠心力　88
円錐振り子　96

重さ　55

● か行 ●

外積　173
回転速度　159
回転の運動エネルギー　159
回転の運動方程式　159
外力　115
角運動量　172
角運動量ベクトル　172
角運動量保存則　172
角加速度　159
角振動数　143
角速度　86, 159
加速　27
加速度　26

過渡現象　65
還元質量　153
慣性　54
慣性の法則　26
慣性モーメント　159
慣性力　88
完全非弾性衝突　115

気圧　57
基準点　113
基本単位　6

組立単位　6

系　114
ケプラーの第2法則　176
ケプラーの法則　89
減速　27

向心加速度　87
向心力　87
剛体　158
合力　54

● さ行 ●

最大静止摩擦力　56

時間　6
次元　6
次元解析　4
仕事　114
仕事の原理　115

質点　12
質量　6, 54
周期　142
終速度　65
自由落下　32
重量　55
重力　55
重力加速度　32, 55
重力定数　89
重力による位置エネルギー　113
瞬間加速度　26
瞬間速度　12
初期位相　143
初期位置　13
振動数　142
振幅　142

水圧　57
垂直抗力　55

静止摩擦係数　56

速度　12

● た行 ●

単位　6
単振動　142
弾性衝突　115
弾性力　56, 142

力のモーメント　158
中心力　175
潮汐力　110
張力　56

つり合いの状態　59

等加速度運動　32
等時性　144
等速円運動　86
動摩擦係数　56
トルク　158

● な行 ●

内力　115
長さ　6

● は行 ●

はね返り係数　115
速さ　13
反発係数　115
万有引力　88
万有引力による位置エネルギー　113

非弾性衝突　115
非保存力　113

復元力　142
フックの法則　142
振り子　142
浮力　75

平均加速度　26
平均速度　12
平行軸の定理　166
変位　12

放物運動　33
保存力　113

ポテンシャルエネルギー　112

● ま行 ●

摩擦力　56

面積速度　89, 176

● ら行 ●

落下運動　32

力学的エネルギー　114
力積　112

● 欧字 ●

vt 図　13
xt 図　12

著者略歴

和田 純夫
（わ だ すみ お）

1972年　東京大学理学部物理学科卒業
現　在　東京大学総合文化研究科専任講師

主要著訳書
「物理講義のききどころ」全6巻（岩波書店），
「一般教養としての物理学入門」（岩波書店），
「プリンキピアを読む」（講談社ブルーバックス），
「はじめて読む物理学の歴史」（共著，ベレ出版），
「ファインマン講義　重力の理論」（訳書，岩波書店），
「グラフィック講義　物理学の基礎」（サイエンス社），
「グラフィック講義　力学の基礎」（サイエンス社），
「グラフィック講義　電磁気学の基礎」（サイエンス社），
「グラフィック講義　熱・統計力学の基礎」（サイエンス社），
「グラフィック講義　量子力学の基礎」（サイエンス社），
「グラフィック講義　相対論の基礎」（サイエンス社）

ライブラリ 物理学グラフィック講義＝別巻1

グラフィック演習 力学の基礎

2014年3月25日ⓒ　　　　　　　　　初版発行

著　者　和田純夫　　　発行者　木下　敏孝
　　　　　　　　　　　印刷者　林　初彦

発行所　株式会社　サイエンス社

〒151-0051　東京都渋谷区千駄ヶ谷1丁目3番25号
営業　☎(03)5474-8500（代）　振替 00170-7-2387
編集　☎(03)5474-8600（代）
FAX　☎(03)5474-8900

印刷・製本　太洋社

《検印省略》

本書の内容を無断で複写複製することは，著作者および出版社の権利を侵害することがありますので，その場合にはあらかじめ小社あて許諾をお求め下さい．

ISBN978-4-7819-1331-5
PRINTED IN JAPAN

サイエンス社のホームページのご案内
http://www.saiensu.co.jp
ご意見・ご要望は
rikei@saiensu.co.jp　まで．

はじめて学ぶ 力学
　　　　　阿部龍蔵著　　2色刷・A 5・本体1500円

力　学［新訂版］
　　　　　　阿部龍蔵著　　A 5・本体1600円

新・基礎 力学
　　　　　永田一清著　　2色刷・A 5・本体1800円

基礎 力　学
　　　　　　　永田一清編　　A 5・本体1600円

コア・テキスト 力学
　　　　　　青木健一郎著　　2色刷・A 5・本体1900円

力学講義
　　　　　　武末真二著　　2色刷・B 5・本体2200円

理工基礎 力学入門
　　　　　　　青野・大野共著　　A 5・本体1750円

　　＊表示価格は全て税抜きです．

――――――サイエンス社――――――

演習力学 [新訂版]
今井・高見・高木・吉澤・下村共著
2色刷・A5・本体1500円

新・演習 力学
阿部龍蔵著　2色刷・A5・本体1850円

新・基礎 力学演習
永田・佐野・轟木共著　2色刷・A5・本体1850円

力学演習
青野　修著　A5・本体1650円

セミナーテキスト 力　学
御子柴・二見・鈴木共著　A5・本体960円

＊表示価格は全て税抜きです.

サイエンス社

ライブラリ 物理学グラフィック講義
和田 純夫 著

グラフィック講義　**物理学の基礎**
2色刷・A5・本体1900円

グラフィック講義　**力学の基礎**
2色刷・A5・本体1700円

グラフィック講義　**電磁気学の基礎**
2色刷・A5・本体1800円

グラフィック講義　**熱・統計力学の基礎**
2色刷・A5・本体1850円

グラフィック講義　**量子力学の基礎**
2色刷・A5・本体1850円

グラフィック講義　**相対論の基礎**
2色刷・A5・本体1950円

グラフィック演習　**力学の基礎**
2色刷・A5・本体1900円

＊表示価格は全て税抜きです．

サイエンス社